新しい科学の教科書

―現代人のための中学理科―

化学編
第2版

● 本書を読まれるみなさんへ ●

　この『新しい科学の教科書　化学』は，

　　　1．たのしくてよくわかる展開
　　　2．本物の基礎・基本をていねいに説明

をねらいに編集しました。

　これまでに私たち有志は『新しい科学の教科書　第2版』（学年版　計3巻）および『新しい科学の教科書』（分野版　計2巻）を出してきました。主に中学校理科教員をメンバーとする執筆者・検討委員・協力者約200人の知恵を合わせてつくったものです。

　それらの成果をもとに，将来の市民のために最低限必要な化学のリテラシー（教養）を本書に込めました。本書のシリーズには他に物理，生物，地学の巻があります。学年版，分野版以外に物理，化学，生物，地学に分けた巻も欲しいという要望に応えることができました。

　この化学の巻は，みなさんが学校を通して配布された検定済み教科書と比べるとゆたかな内容になっていると思います。ゆたかといっても「あれもこれも」と詰め込んだのではなく，自然についての興味と関心を高め，問題意識をもって自然にはたらきかけができるようにという観点から基礎・基本を選び抜きました。それをどうしたらやさしくわかりやすく学習できるかということを考えて説明していきました。

　とくに化学を扱う本巻では，「物質と原子・分子」の章をおき，原子・分子のイメージをもちながら物質を学習し，水溶液や状態変化でも活用できるように工夫しました。

　今回の改訂では，2012年4月から実施の教育課程で復活した「イオン」に関わる内容を，さらに充実させました。

　本書で学んだみなさんが，科学のおもしろさと科学の有効性を知り，物事をできるだけ科学的に判断するようになったり，人々の幸せに奉仕する科学・技術を築く人やサポートする人になったりすることを願っています。

　最後になりますが，発行に当たって，文一総合出版の田口聖子さんには労多い編集を担当していただきました。お礼申し上げます。

　　　　　　　　　　　　　　　2012年3月　　執筆者代表　左巻 健男

目次

はじめに　　　　　　　　　　　　　　　　　　　　科学コラム
1. なぜ氷は浮いているのでしょうか　*8*
2. 燃えて重くなる！　*9*
3. 学ぶことの大切さ　*11*

第1章　物質と原子・分子
第1節　原子とはどんなもの？　*14*
1. 物体と物質　*14*
2. 最初の原子の考えは？　*15*
3. どんなものも原子からできているの？　*17*
4. 原子とはどんな粒子か　*18*　　　　　　ドルトンはどんな人？　*18*
5. 原子を表す記号　*21*　　　　　　　　　原子の記号（元素記号）の由来は？
　　　　　　　　　　　　　　　　　　　　　　　　　　　　　　　　　23
6. 原子はなくならない　*25*
7. 分子　*26*　　　　　　　　　　　　　　周期表とは　*24*
8. 物質の化学式　*27*　　　　　　　　　　食事をしたら体重はどうなる？　*26*
9. 密度　*29*
　　　　　　　　　　　　　　　　　　　　人のからだの密度　*32*
第2節　物質を大きく3つに分けよう　*33*
1. 金属原子と金属の特ちょう　*33*
2. 塩と砂糖　*35*　　　　　　　　　　　　アラザンの表面の物質はなに？　*34*
3. 無機物と有機物　*37*
4. 巨大な分子　*40*　　　　　　　　　　　有機物・無機物　*39*
　　　　　　　　　　　　　　　　　　　　プラスチックを見分ける　*42*

第2章　物質の状態変化と気体
第1節　物質の状態変化　*46*
1. 液体を熱するとどうなるか　*46*
2. 沸騰する温度（沸点）を測定しよう　*48*
3. 液体→気体のときミクロレベルで起こっていること　*49*
4. 気体を液体にするには　*51*
5. 蒸留　*52*　　　　　　　　　　　　　　原油の蒸留　*53*
6. 液体を固体にするには　*54*
7. 固体を液体にするには　*55*
　　　　　　　　　　　　　　　　　　　　4℃の水　*57*
8. 水の不思議　*56*　　　　　　　　　　　気体が直接固体になり，
9. 状態変化のまとめ　*57*　　　　　　　　固体が直接気体になる状態変化　*60*

第2節　熱と温度　*62*
1. 熱と温度のちがい　*62*
2. 熱量　*63*
3. 比熱　*63*
4. 温度と分子運動　*64*
5. 熱伝導と分子運動　*65*
6. 物質はどこまで冷やせるか　*66*

　　　　　　　　発泡ポリスチレン板と鉄板
　　　　　　　　　　どちらが冷たい？　*66*
　　　　　　　　　　温度を上げるには？　*67*

第3節　常温で気体の物質　*68*
1. 分子の集まり方と密度　*68*
2. 気体の密度　*68*
3. 空気　*69*
4. 酸素　*70*
5. 二酸化炭素　*72*
6. 水素　*73*
7. アンモニア　*74*

　　　　　　　　二酸化炭素の酸性,
　　　　　　　　　アンモニアのアルカリ性　*75*

8. 危険な気体を知っておこう　*77*
9. 気体の性質とその集め方　*78*

　　　　　　　　　アルゴンの発見　*79*

第3章　溶解と水溶液
第1節　水に溶けた物質はどうなっているか　*82*
1. 物質が水に溶けるとはどのようなことか　*82*
2. 水溶液とはなにか　*84*
3. 水溶液の濃度　*86*

　　　　　　　　コロイド溶液　*85*
　　　　　　　　ppm という濃度　*87*

4. 物質はどれだけ溶けるのか―溶解度―　*88*

第2節　物質を分ける方法　*90*
1. 純物質と混合物　*90*
2. 物質を水に溶ける溶けないで分ける―ろ過・蒸発乾固―　*90*
3. 物質を溶解度のちがいで分ける―再結晶―　*92*

第4章　物質の分解と化学変化
第1節　化学変化とはなにか　*96*
1. カルメ焼きはなぜふくらむのか　*96*
2. 分解と化学変化　*99*

第2節　物質はなにからできているのか　*101*

　　　　　　　　写真の科学　*100*

1. 物質はどこまで分解できるか　*101*
2. 状態変化と化学変化のちがい　*102*
3. 物質の分類　*103*

第5章　化学変化と原子・分子

第1節　化合と化学反応式　106
1. 2つの物質から新しい物質をつくることができるか　106
2. 鉄と硫黄の化合　107
　　　　　　　　　　　　　　　　　　　ファーブルの火山の実験　109
3. 化学反応式　109
　　　　　　　　　　　　　　　塩化ナトリウム
4. 物質と酸素との化合　113
　　　　　　　　　　　　　　　　　—塩素とナトリウムの化合物—　112
　　　　　　　　　　　　　　　水素と酸素が化合するとき

第2節　酸化物の還元　120
　　　　　　　　　　　　　　　　　　　　　　　—燃料電池—　119
1. 酸化銅の還元　120
2. 二酸化炭素の還元　123
3. 水の還元　124
4. 金属の利用　126
　　　　　　　　　　　　　　　　　　　資源リサイクル　129

第3節　化学変化で質量は変化するか　130
1. 化学変化と質量　130
2. 質量保存の法則　132
3. 成分比一定の法則　133
　　　　　　　　　　　　　　　　　　　　モルは便利　134

第4節　いろいろな化学変化　135
1. 有機物の燃焼　135
2. 金属のゆるやかな酸化—さび—　136
3. 使い捨ての携帯カイロはなぜ温かくなるのか　138
　　　　　　　　　　　　　　　　　　　アルミサッシがさびないわけ　138
4. 燃料を燃焼・爆発させて走る自動車　140
5. 酸とアルカリの反応　141
　　　　　　　　　　　　　　　　　　　　胃薬のはたらき　143
6. 原子の循環　143
　　　　　　　　　　　　　　　　　　　　溶解と化学変化　147
7. 化学変化で新しい物質をつくる　148
　　　　　　　　　　　　　新しい触媒
　　　　　　　　　　　　　—光触媒としての酸化チタン—　150
　　　　　　　　　　　　　自動車排ガス中の大気汚染物質　154

第6章　原子の構造とイオン

第1節　原子の構造はどうなっているか？　156
1. 原子の中身　156
2. 原子の中の電子配置　158
　　　　　　　　　　　　　　　　　　　原子核の成り立ち　158
3. 周期表のいちばん右側（18族）の秘密　159

第2節　イオンとはどんな粒子か　161
1. 電流を流す水溶液と流さない水溶液　161
2. 電解質水溶液とイオン　161
　　　　　　　　　　　　　　　　金属の陽イオンになりやすさの傾向　165
3. イオンとは？　162

第3節　イオンでできた物質—イオン性物質—　167
1. 塩のなかまはイオンでできた物質　167
2. イオン性物質の化学式　168

3. 物質を「原子・分子・イオン」で大きく分ける　*169*

第4節　電気分解と電池　*171*
1. 塩化銅水溶液の電気分解　*171*
2. 塩化銅水溶液の電気分解とイオン　*172*

　　　　　　　　　　　　　　　　　　電気分解とイオン　*175*

3. 電池　*176*
4. 電池の仕組み　*177*
5. 実用電池　*178*
6. 燃料電池　*179*

　　　　　　　　　　　　　　　　　　化学電池　*180*

第5節　酸とアルカリ　*181*
1. 酸性とアルカリ性　*181*
2. 酸とはなにか　*181*
3. アルカリとはなにか　*183*

　　　　　　　　　　　　　　　　　　缶詰のミカンはどうやって
4. 酸・アルカリ性の強さのものさし— pH —　*185*　　皮をむくの？　*188*
5. 酸とアルカリを混ぜるとどうなるか　*186*　　酸性の強い川を普通の川に　*189*

第7章　私たちと科学・技術
第1節　地球環境問題と科学・技術　*192*
1. 公害問題　*192*

　　　　　　　　　　　　　　　　　　環境ホルモン　*196*

2. 有機塩素系化合物　*195*
3. 大気汚染・酸性雨　*197*
4. 私たちと水—水資源問題と水汚染—　*202*
5. オゾン層の破壊　*205*
6. 地球の温暖化　*207*

第2節　私たちになにができるか　*211*
1. 科学を学ぶことの意味　*211*
2. 地球レベルで考え足もとから行動を　*212*

付録

問題の解答　*216*

単位表　*218*

参考文献　*220*

写真・画像提供　*221*

索　引　*222*

執筆者・検討委員　*227*

はじめに

◎　いっしょに自然を探究しながら学んでいくみなさんへ　◎

　私たちが生活している身のまわりは，いろいろな「もの」であふれています。ものをつくっている材料に注目したとき，その材料を「物質」といいます。化学では，物質は「なにからできているか」「どのようにふるまい，変化するか」について学習を行います。

1. なぜ氷は浮いているのでしょうか

　夏の暑い日，氷水を一気に飲むとそう快です。よく見ると，氷が水に浮いていることに気づきます。あまりにも当たり前の光景ですが，なぜ氷は水に浮いているのでしょうか？

生徒：氷が水に浮いているのは，水よりも氷の方が軽いから浮くんでしょう？

氷は水に浮く

先生：同じ体積でどっちが重いか比較すると，実は水の方が重いんだよ。
生徒：不思議ですね。同じ体積なら固体の方がギュッと詰まっているから重い感じするのにね。
先生：実は，普通の物質は固体の方がギュッと詰まっているんだよ。
生徒：水は例外なの？
先生：そのとおり，物質を調べるとき粒子のモデルを使って考えると理解しやすいんだ。
生徒：粒子って，粒のこと？
先生：そうそう！　物質を小さく小さくしていくともうこれ以上分けることができない粒になります。これを原子といいます。原子がいくつか

集まって分子という粒子をつくります。水も分子からできていて、粒子のモデルで考えると理解しやすいです。

生徒：その粒子がどうなっているの？

先生：ふつうの物質は、固体の場合、粒子ががっちりスクラムを組んでいるんだ。液体の場合、この粒子のスクラムがくずれ多少動けるようになります。

生徒：だから、液体はゆらりゆらり動けるんだ。

先生：ところが水が冷えて氷になると、粒子はスペースを空けるようにスクラムを組むため、粒子どうしの間隔にすき間ができる*。

生徒：水は少し変わり者なのね。

先生：そのため、氷は水よりも同じ体積で軽いことになるんだよ。少し詳しくいうと、$1 \mathrm{~cm}^3$ あたり水は $1 \mathrm{~g}$、氷は $0.917 \mathrm{~g}$ なんだよ。

生徒：炭酸飲料のペットボトルに水を入れて、冷凍庫で凍らせると体積はふえるね。

先生：そうだね！　いいところに気づいたね。

生徒：水って不思議ですね。

　この生徒は、同じ水なのになぜ氷が浮くのか疑問を持ちました。このように、ふだん当たり前に思っていることを、少し深く考えてみましょう。ものの浮き沈み、液体と固体の体積の変化、水と氷の構造のちがいなど、化学の大切な考え方がたくさんふくまれていますね。身のまわりある「物質のふるまい」について関心や疑問を持ち、聞いたり調べたりすることが化学のとびらを開く第一歩です。

2. 燃えて重くなる！

　キャンプの夕食でバーベキューをしたり、キャンプファイヤーで楽しんだことはありますか？　薪を組み、その中に丸めた新聞紙を入れて火をつけると、炎が燃えあがります。燃えたあと、黒い炭や白い灰が残りますね。もの

※　56ページ参照。

が燃えると炭や灰になって，燃えたあとものが軽くなると考える人は多いでしょう。また，ものが燃えるときは「酸素が使われ，二酸化炭素を出す」ということを知っている人も少なくありません。実際に，燃えかすを手でさわってみるとボロボロで，なんだか軽くなった感じがします。ところが，燃えると重くなる物質があります。たとえば，鉄板はそのままでは燃えませんが，鉄を糸状にしたスチールウール（鉄製のたわし）に火をつけて呼気を吹きかけるとよく燃えます。燃えたあとのものは，ボロボロで一見軽くなったように見えます。しかし，てんびんで測ってみると燃える前よりも重くなっています。少し不思議な感じがします。

ふつう，燃えると，ものから何かが出ていって軽くなったと考えます。それでは重くなったのはなぜでしょうか？　それは，物質が空気中の酸素が結びつき，その分だけ重くなったのです。「燃える」とは，物質が熱や光を出しながら酸素と結びつく変化です。酸素と結びついた鉄とはどのような物質なのでしょうか？　金属の輝（かがや）きもなく，電気も通さなくなり，さわってもボロボロで，もとの鉄のような性質を示さなくなります。つまり，鉄とは別の物質になったのです。このように，もとの物質と別の物質になる変化を「化学変化」といいます。

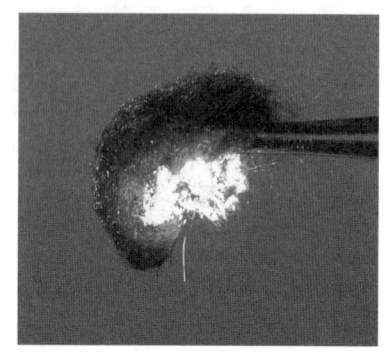

燃えるスチールウール

それでは，二酸化炭素は出ないのでしょうか？　二酸化炭素は，原子の記号を使って物質を表すと，おなじみの「CO_2」となります。Cは炭素原子を表し，Oは酸素原子を表します。CO_2は炭素に酸素が2個結びついた分子です。燃えて二酸化炭素を出す物質には，必ず炭素Cが含まれています。紙，木，ローソク，アルコールもみんな炭素を含む物質なのです。一方，鉄は原子の記号で物質を表すとFeで，炭素（C）を含んでいません。このように，原子の記号を使って物質を表すと「燃えて重くなる」「燃えても二酸化炭素は出ない」理由がわかりやすくなります。

化学では,「物質の変化」について,原子とか分子というモデルや記号を使いながら解明していきます。

3. 学ぶことの大切さ

ニュートリノ＊天文学でノーベル物理学賞を受賞した小柴昌俊(こしばまさとし)先生に,ある講演で中学生が次のような質問をしました。

「ニュートリノの発見は,世の中でどのように役だっているのでしょうか？」

先生は「役に立たないね,今はね！」と答えたそうです。そして「でもね！ 今から100年ぐらい前に『電子』というのが発見されたとき,同じような質問をした人がいて,やはり『役に立たない』と答えたそうだ。いま,世の中には電子を使った製品があふれているね。ニュートリノはね！ いまは役に立たないけれど,あと何百年すると役に立つのかもね」と話されました。なんとスケールの大きな研究でしょうか。

中学で学ぶ自然科学も,すぐに世の中で役に立つとは限りません。しかし,小さな花を見て生命のつくりのすばらしさを感じたり,川原の岩石を見て地球のしくみや時間・空間の広がりを考えたり,飛んでいるボールの動きを見てその規則性を発見したりすることはできます。そして,中学化学では,「物質」はなにからできているか,どのようにふるまうか,どう変化するかについて,実際に実験や観察ではたらきかけて,物質の本質に迫ることになります。その結果,わたしたちは,新しい素材を合成し生活を豊かにしたり,難病のための新薬を開発して人の命を救ったり,環境を守るための知恵を生みだしたりします。学び続けるとき,学ぶおもしろさを感じ,学びが世の中で役に立ち,人間生活を豊かにしていることに気づくでしょう。

本書は,学びつづけるあなたのために,次のような構成で編集されています。第1章「物質と原子・分子」は原子・分子を学ぶことからはじまり,

---

※　　ニュートリノは,宇宙からやってくるものすごく小さな粒子で,人間の体ですら通過する。宇宙で物質がどのように誕生したかカギを握る素粒子の1つです。

早い段階から物質を原子・分子という見方ができるように工夫してあります。第2章「物質の状態変化と気体」，第3章「溶解と水溶液」では，物質のふるまいについてモデルを使ってわかりやすく説明してあります。また，第4章「物質と分解と化学変化」，第5章「化学変化と原子・分子」では，原子を表す記号（元素記号）を用いて，化学式や化学反応式など無理なく理解できるよう工夫されています。第6章「原子の構造とイオン」では，物質がどのように成り立っているか学ぶことになり，第7章「私たちと科学・技術」では，地球環境問題について，私たちに何ができるかを考えます。また，各章には，学習した内容を深めるための「科学コラム」をたくさん掲載しています。

本書は，知的好奇心おう盛な中学生や，もう一度化学を学びたい高校生・大人たちにぴったりの教科書です。

ふしぎだと思うこと
　　　　　　　これが科学の芽です。

よく観察してたしかめ
　　　そして考えること
　　　　　　　これが科学の茎(くき)です。

そして最後になぞがとける
　　　　　　　これが科学の花です。

朝永振一郎(ともながしんいちろう)※

※　朝永振一郎さんは，日本人で2人めのノーベル賞を受賞した物理学者です。

第1章 物質と原子・分子

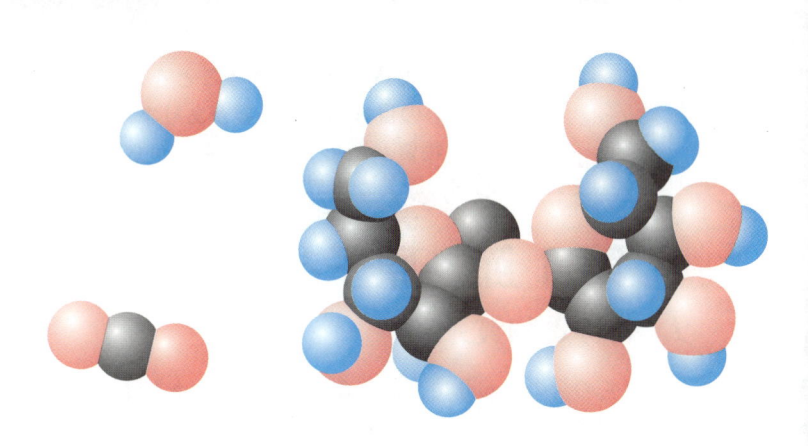

本章の主な内容

第1節 原子とはどんなもの？
物体と物質
最初の原子の考えは？
どんなものも原子からできているの？
原子とはどんな粒子か
原子を表す記号
原子はなくならない
分子
物質の化学式
密度

第2節 物質を大きく3つに分けよう
金属原子と金属の特ちょう
塩と砂糖
無機物と有機物
巨大な分子

第1章 物質と原子・分子

物質を調べるには，手でさわったり，目で見たり，鼻でかいだりして，物質が区別できることをよく知り，物質の変化にするどい心の目を向ける必要があります。
さらに，物質がとても小さな原子からできていることに目を向けると，どんな世界が見えてくるでしょうか。

第1節　原子とはどんなもの？

1. 物体と物質

　私たちの身のまわりには大変多くの"物"があります。人類がこの地球上に登場してから，身のまわりにあるたくさんの物に，さまざまにはたらきかけ，その性質を知ったり，それらをうまく利用したり，それらを変化させて新しい物をつくったりしてきました。

　物は，どんなに小さくても，重さ（質量）と体積をもっています。逆にいえば，質量と体積をもっていれば，それは"物"なのです。

　　　鉄球　　　　　　　　水　　　　　　　　食塩
　　　　　　　　　　　　　　　　　　　　　　1粒を
　　　　　　　　　　　　　　　　　　　　　　見ると

体積 50cm³　　　体積 100cm³　　　体積 0.0001cm³
質量 394g　　　 質量 100g　　　　質量 0.000217g

図1　質量と体積をもっていれば"物"である

　質量とは，形が変わっても，空中でも水中でも，宇宙へもっていっても変わらない"物"そのものの量です。質量の単位は，**キログラム**（記号：**kg**）が使われます。また，**グラム**（記号：**g**）や**ミリグラム**（記号：**mg**）なども使います。（1 g = 1000 mg　1 kg = 1000 g）

第1節 原子とはどんなもの？　　　15

　私たちは物を使うとき，その物の形や大きさ，使い道，材料などに注目して区別しています。

　形や大きさなど外形に注目した場合は，その物を**物体**とよんでいます。

　一方，物体をつくっている材料に注目した場合は，その材料を**物質**とよんでいます。

　例えば，コップという物体には，ガラス製のもの，プラスチック製のもの，鉄製のものなどがありますが，そのガラスやプラスチック，金属といったものを物質といいます。

図2　物体と物質

2. 最初の原子の考えは？

　みなさんは原子や分子（ぶんし）という言葉をこれまでに聞いたり読んだりしたことがあることでしょう。原子というと，最近やっとわかってきたことのように思いませんか。人類の歴史をふり返ると，私たちのまわりにあるたくさんの物質の"おおもと"はなにかということがずっと大きな問題になってきたことがわかります。

　今から2千数百年前の古代ギリシャまでさかのぼってみましょう。

　古代ギリシャの自然研究者たちは，万物（ばんぶつ）（あらゆる物質）は，1つあるいはいくつかの種類の元素（げんそ）（あらゆる物質をつくっているおおもと〈成分〉）からできていると考えました。[※1]

　タレスは水を，ヘラクレイトスは火を，エンペドクレスは火と水と気と土を，万物の元素と考えました。

　※1　この時代の自然研究者の主な著作はほとんど失われているが，言い伝えられたものをまとめ直したものが残っている。

そんな時代に物質は粒子からできていると考えた人たちも現れました。空っぽの空間（真空）で粒子が互いに結びついたりばらばらになったりする激しい動きに満ちた世界を思い浮かべたのです。彼らは，万物をつくるもとは無数の粒になっていて，一粒一粒はこわれることがないのだと考えました。そこで，デモクリトスは，それ以上小さな粒にすることができない一粒一粒のことを，ギリシャ語で「こわれないもの」を意味する「アトム」（**原子**）とよぶことにしました。2千数百年前にすでに「原子」の考えが生まれていたのです。

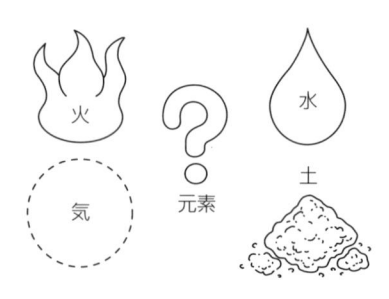

図3　本当の元素とはなにか

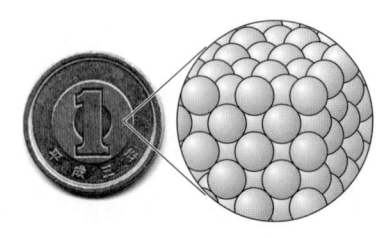

図4　物質は小さな粒からできている

　原子の考えは，強い批判にさらされました。「こわれることのない粒なんてありえない」というのが1つ，もう1つは「真空なんて存在するはずがない，見たところ空っぽの空間にも，なにかがつまっているのだ」という批判です。

　物質をどんどん分けていくと粒になり，それ以上分けられなくなるという考えは，当時の普通の感覚と一致しにくいものでした。それだけではなく，原子の考えは神の存在なしに物事を説明できたので，宗教の力を利用していた支配者たちに目の敵にされたりもしました。

　そして，原子の考えは忘れられて17世紀ごろまできたのです。真空が発見され（1643年），ガリレイやニュートンも原子の考えをもって研究をするようになりました。

　1800年代のはじめ，イギリスの科学者ドルトン（1766～1844）は，デモクリトスの「アトム」の考えを，科学的な立場から実験事実にもとづいて説明しました。彼は，物質をつくる最小単位の粒子が存在すると考え，この粒子のことをアトム（**原子**）と名づけました。ドルトンはいろいろな原子が結びついたりはなれたりすることが，化学変化であると考えました。

現在では，物質の中がどうなっているか，原子の世界の様子を見る方法があります。例えば，金の表面はとてもなめらかですが，特別な電子顕微鏡でのぞいてみると，金は小さな粒の集まりでできていることがわかります。この小さな粒，金原子が集まって金ができているのです。

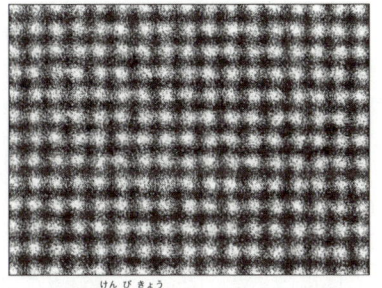

図5 電子顕微鏡で見た金属（金）の原子（約1000万倍）

3. どんなものも原子からできているの？

問い 次の物のうち，原子からできているものに○をつけましょう。
砂糖　　パン　　タンポポ　　みかん　　空気
水　　　石　　　金属　　　　人の筋肉　人の骨
人のかみの毛

現在，地球上では1000万種類以上の物質が知られています。そのたくさんの種類の物質は，たった90種類ほどの原子がさまざまな組み合わせで結びついてできています。原子の種類は約100種類が知られていますが，[※1] 自然界にあるのは90種類ほどで，残りは科学者が人工的につくり出したものです。

現在では，原子の種類のことを元素とよんでおり，元素の数は約100種類ということになります。

物体（質量と体積をもつもの）および物質（物体をつくる材料）は，すべて原子からできています。したがって，生物のからだも，つまり私たちのからだも原子からできています。

※1　現在発見されている原子の種類は，P.22の「元素の周期表」を参照。

4. 原子とはどんな粒子か

ドルトンが考えた原子は次のような性質をもっています。

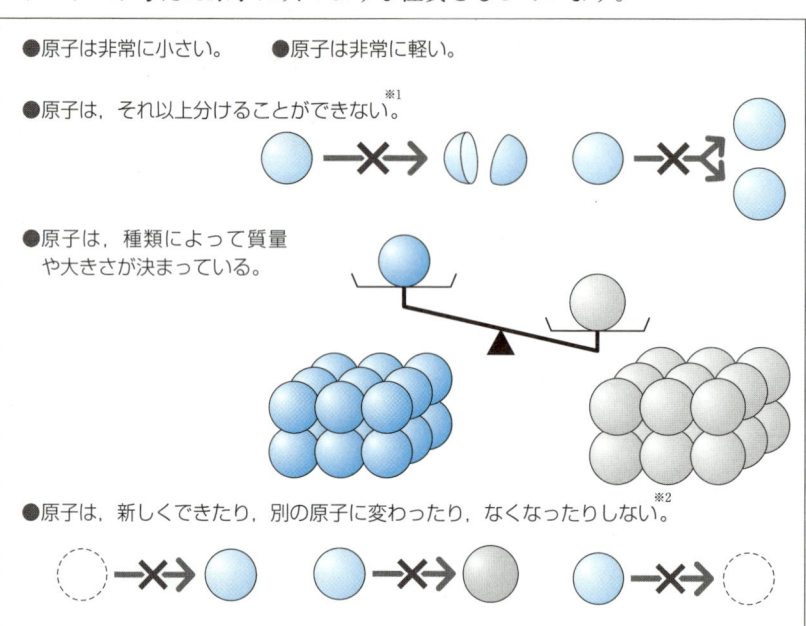

- ●原子は非常に小さい。　●原子は非常に軽い。
- ●原子は，それ以上分けることができない。※1
- ●原子は，種類によって質量や大きさが決まっている。
- ●原子は，新しくできたり，別の原子に変わったり，なくなったりしない。※2

図6　原子の性質

科学コラム

ドルトンはどんな人？

　ドルトンは，1766年，イギリスの貧しい農家にうまれました。村の学校に通って独学で勉強を続け，わずか15歳で学校の教師になりました。

　一生独身を通し，ぜいたくをきらい質素に暮らしました。毎日の生活は非常にきちんとしていて規則的だったために，近所の人は彼の通行に合わせて時計を直したほどでした。

　彼がまず取り組んだ研究は，色盲の研究でした。自分がうまれつきの赤緑色盲だったのです。この色盲は，赤，だいだい，黄，緑が区別できず，どれも灰色またはくすんだうす茶色としか見えません。そのために，お母さんに青みがかった灰色の地味な靴下をおくったつもりが，まっ赤な派手な靴下だった，というような失敗談がいくつも残されています。ドルトンにちなんで赤緑色盲のことを英語

でドルトニズムとよんでいます。

　ドルトンは気象観測が好きで，自分で気象観測器具をつくって，気圧や気温などを毎日はかって記録するようになりました。気象観測を続ける間に大気や空気の性質や成分について，いろいろ考えをめぐらしました。

　ドルトンは『プリンキピア』というニュートンのかいた本を読みました。「気体は微粒子，またはアトムからできていて，この微粒子どうしが近づくと，はね返し合う」とかかれていました。

　空気は酸素や窒素などのいくつかの種類の気体が混ざってできています。それなのに，どこにある空気も，混ざっている気体の種類と割合が同じです。そのころ，気体の密度が気体の種類によってちがうことが知られていました。[※3]ドルトンは気体が微粒子なら，なぜ重い酸素が地上付近にたくさん集まってこないのか，とても不思議に思ったのでした。

　そして，気体の微粒子がどのような状態であれば，密度がちがう酸素と窒素が均等に混じり合い，どちらかが地上付近に集まってしまわないのかを考えました。ドルトンは，酸素と窒素とでは一つ一つの粒子の大きさがちがうので，空間をぎっしりうめつくせずにすき間ができるため，お互いに均一に混じり合うことができると考えました。この探求からドルトンは，気体の一つ一つの微粒子の大きさや重さが，気体の種類によってちがうことに気がついたのです。

　ドルトンの考え方にはまちがいもありました。[※4]しかし，ドルトンの原子説以前の原子の考え方は，哲学的にそういうものが存在するはずだというものでした。ドルトンが考えた原子は，ある大きさや重さをもって実際に存在する粒子であり，実験によってその性質を解き明かしていくことができたのです。

原子は，どの程度小さくて軽いのでしょうか。

種類によってちがいますが，原子1個の大きさは，だいたい直径1億分の 1 cm ぐらいです。つまり原子を1億個横に並べると，やっと 1 cm の長さになるのです。

※1　現在では，原子は内部構造をもつことがわかっている。
　　→第6章参照。
※1・2　現在はウランなど，分裂して他の80種以上の原子に変わる原子があることがわかっている。
※3　酸素の密度　1.43g/L（0℃，大気圧）。
　　窒素の濃度　1.25g/L（0℃，大気圧）。
※4　ドルトンは生涯，分子の考えを受け入れなかった。

本物の原子は、1cmの中に1億個並べることができる。

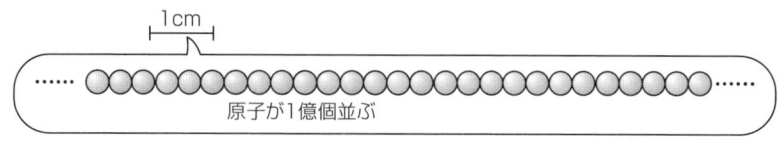

図7　原子を1億個並べるとどうなる？

　1円硬貨はアルミニウムの原子からできていますが、その直径は2cmあります。1円硬貨の直径部分には、約2億個のアルミニウム原子が一列に並んでいることになります。
　原子1個の質量は、種類によって異なりますが、最も軽い水素原子で、
　　0.00000000000000000000000167g
です。これは、およそ
　　600000000000000000000000 個
集めると 1gになる質量です。
　他の原子の例をあげると、酸素原子1個の質量は、
　　0.0000000000000000000000267g
で、水素原子の約16倍になっています。また、炭素原子1個の質量は、
　　0.000000000000000000000002g
で、水素原子1個の質量の12倍になります。このことを利用して、原子1個の質量を表すには、グラムではなく原子質量単位（記号：u）という特別な単位を使って表します。また、各原子1個の質量をuで表したときのuの前の数値を**原子量**といいます（次ページの表1）。
　各原子の原子質量単位は、現在では水素ではなく、炭素1個の質量を基準にして決められています。1uは、原子質量単位で表した炭素原子1個の質量の12分の1に相当します。
　炭素が基準になったのは、すべての元素の原子量を最もうまく求めることができたからです。しかし水素原子1個の質量（原子量）は 1uですから、ここでは各原子1個の質量単位は「各原子が水素原子の何倍の質量をもっているか」を示したものと同じと考えておきましょう。

表1　主な元素の原子量

	原子の種類	原子の記号	原子量
金属	アルミニウム	Al	27
	カルシウム	Ca	40
	銀	Ag	108
	鉄	Fe	56
	銅	Cu	64
	ナトリウム	Na	23
	マグネシウム	Mg	24

	原子の種類	原子の記号	原子量
非金属	硫黄(いおう)	S	32
	塩素	Cl	35
	ケイ素	Si	28
	酸素	O	16
	水素	H	1
	炭素	C	12
	窒素	N	14

5. 原子を表す記号

　原子を"原子の記号"(**元素記号**)を使って表すことができます。元素記号はアルファベットで表します。例えば，1個の水素原子はH，1個の酸素原子はOとかきます。

　原子の種類は100種類あまりあるのに対し，アルファベットは26文字しかありませんから，1文字ずつあてはめても足りません。そこで，元素記号は1文字のものもあれば，2文字のものもあります。

　元素記号は，次のようにかきます。

1文字の場合
・アルファベットを活字体の大文字でかく。
・読み方は，Hは「エイチ」というように，アルファベットを英語式で読む。

水素　H（エイチ）

2文字の場合
・1字めは大文字でかき，2字めは小文字でかく。2文字の間をあけないようにする。
・読み方は，Naは「エヌ　エイ」というように，アルファベットを英語式で読む。

ナトリウム　Na（エヌ　エイ）

図8　原子の記号(元素記号)のかき方と読み方

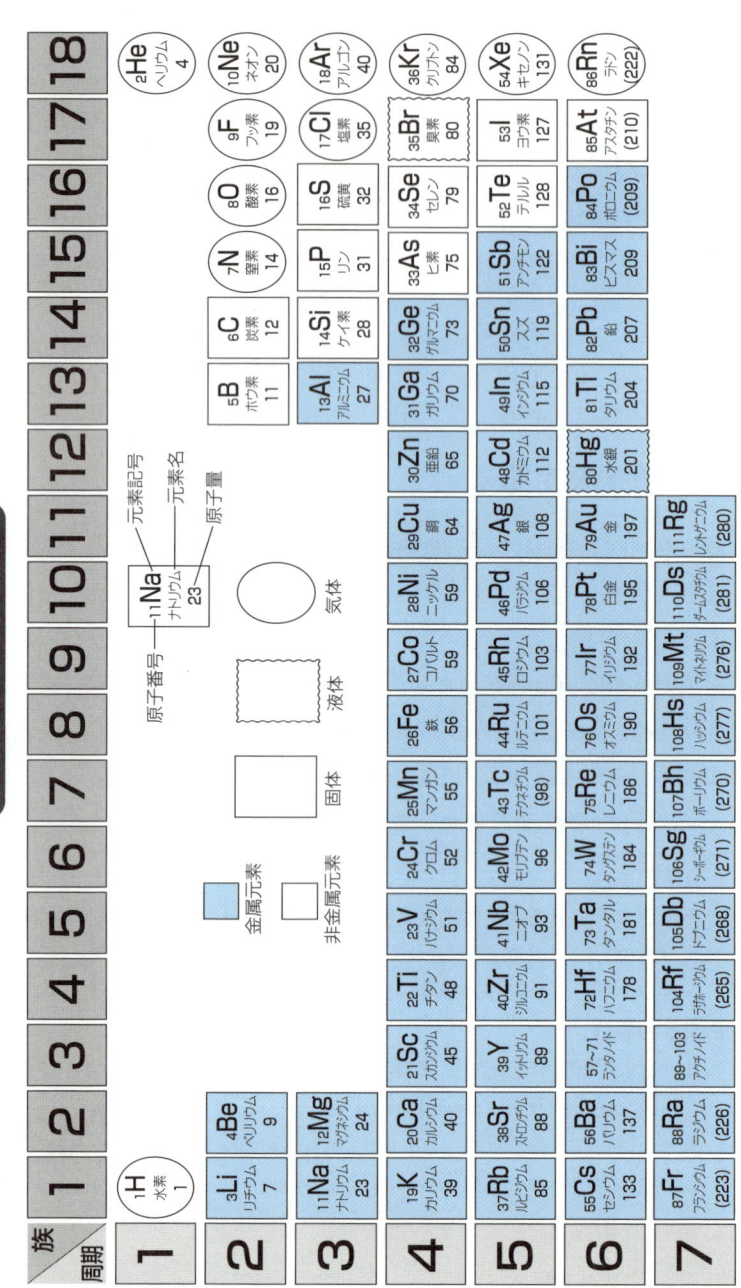

図9 元素の周期表

※1 ランタノイド，アクチノイドについては裏表紙見開きの「元素の周期表」を参照。

約100種類の元素を，ある規則に従って表にまとめた元素の周期表というものがあります（図9）。

1869年，ロシアのメンデレーエフ（1834～1907）は，当時発見されていた元素63種を，水素原子の質量を1として出した原子の質量（原子量）の順※1に並べてみました。すると，性質の似たものが周期的に現れることを見つけだすことができました。そこで，性質の似たものがうまい具合に縦に並ぶような表の形を考えてまとめたのです。

科学コラム

原子の記号（元素記号）の由来は？

　原子の考えを提案したことで有名なドルトンは，原子を○の記号で表しました。○の中に点を入れたり線を引いたりぬりつぶしたりしてそれぞれを区別したのです。例えば，酸素は○だけ，水素は○の中心に点（⊙），炭素は○をぬりつぶした記号（●）でした。ドルトンがこんな記号を考えたのは，1803年，今から200年ほど前のことです。

　ところが，その10年後にベルセリウスという化学者が，原子の種類名を，頭文字の1つあるいは2つのアルファベットで表す方法を考え出しました。当時，ドルトンは，原子は丸い粒だということにこだわって，このベルセリウスの表し方には反対でした。死ぬまで拒否し続けたほどです。その批判は「ベルセリウスの記号は，原子論の美しさと簡潔さをくもらせる」というものです。

　しかし，ベルセリウスの元素記号のほうがはるかに便利だったので，ドルトンの記号は見捨てられてしまったのです。今では，ベルセリウスの元素記号が万国共通となっています。

　水素のHは，ギリシャ語の「水をつくるもの」の頭文字から，炭素のCは，ラテン語で「木炭」の頭文字から，酸素のOは，ギリシャ語で「酸をつくるもの」の頭文字からです。金のAuは，オーロラと言葉の由来が同じ，ラテン語のAurum（アウルム）か

ドルトンの考えた元素記号			
⊙	水素	⊕	ストロンチウム
●	炭素	Ⓘ	鉄
○	酸素	Ⓩ	亜鉛
⊕	リン	Ⓒ	銅
⊘	硫黄	Ⓛ	鉛
⊖	マグネシウム	Ⓢ	銀
⊜	ナトリウム	⊛	金
⊟	カリウム	Ⓟ	白金
		⊘	水銀

※1　現在では，原子量の順ではなく，図9のように原子番号の順に並べている。両者はほぼ同じになる。

らきています。金のかがやきを元素記号にこめたのです。銀は，みがくと強いかがやきを出すことができます。そこで，銀の Ag は，ラテン語で「白いかがやき」を意味する言葉 Argentum からきています。銅の Cu もラテン語でした。当時，銅は地中海のキプロス島で産出したので，キプロスの地名が記号になったのです。ほかにも人名，国名など，元素の語源はさまざまな由来があります。

科学コラム

周期表とは

　19世紀のはじめにドルトンが原子論を発表すると，科学者たちは競って新しい元素の発見に取り組むようになりました。そして元素が発見されていくにつれて，多くの科学者は元素がその性質によってなかま分けできるのではないかと考えました。1864年，イギリスのニューランズは，元素を原子量の順に並べていくと，まるでドレミの音階のように8番ごとに性質がよく似た元素が現れることに気がつきました。彼は1865年にこの考えを「オクターブ説」として発表しました。そんななか，1863年にロシアのメンデレーエフは当時発見されていた63種類の元素を原子量の順に並べると，同じ性質の元素が周期的に現れること（周期律）を見いだしました。彼は1869年にそれを表にまとめ，この表を元素の周期表と名づけました。

　ほかにもたくさんの科学者が「元素は同じ性質の元素が周期的に現れる」ことを示し，表をつくりましたが，現在では，メンデレーエフが周期表をつくった人として知られています。なぜでしょうか。それは，多くの科学者が当時見つかっていた元素だけで表をつくったのに対し，メンデレーエフは表をつくるにあたって，元素の性質が規則的に変わっていることから，まだ見つかっていない元素の存在を予想したのです。例えば，ケイ素の下にあるべき性質の元素がまだ見つかっていなかったので，そこに仮の元素名エカケイ素をあてはめたのです。その後，その場所に入る元素（ゲルマニウム）が発見されて，メンデレーエフの周期表の正しさが実証されていきました。

　現在では，100種類をこえる元素が発見されています。またアルゴンとカリウムのように，順番を入れかえなければならないものも見つかりました。[※1] しかし，基本はメンデレーエフの周期表が受けつがれています。元素の周期表には，元素の性質に関するたくさんの情報が示されており，のちに原子の構造の研究にもおおいに役立ちました。

※1　現在では，原子番号の順に元素を並べたものが使われている。前ページの脚注を参照。

元素は，金属元素と非金属元素に大きく分けられています。

約100種類の原子のうち8割以上が金属元素の原子です。物質は，すべて約100種類の原子からできているのですから，金属を知ることは，世の中のかなりの元素を知ったことになります。

問い 元素の周期表の原子の記号は，すぐに覚える必要はありませんが，少しずつなれましょう。知っている原子の名前はいくつありますか。数えてみましょう。

6. 原子はなくならない

実験 重さが変わるか，調べてみよう

1. 人の体重を体重計ではかるとき，目盛りが最も大きくなるのは次のどの場合か。
    - ア 両足で立つ場合
    - イ 片足で立つ場合
    - ウ 両足で立っても片足で立っても目盛りは同じ

2. ジュースを1kg飲み終わってから体重を体重計ではかると，飲む前と比べて体重計の目盛りはどうなるか。
    - ア ちょうど1kgふえる
    - イ ふえるが1kgより少ない
    - ウ ふえない

3. 20gの木片と水の入ったビーカーを，はかりの上に置いてから，木片を水に入れた。すると，木片は水に浮いた。木片を水に入れる前と，入れて浮いているときとでは，全体の質量はどうなるか。
    - ア ちょうど20gふえる
    - イ ふえるが20gより少ない
    - ウ ふえない

原子の性質の中で特に重要なのは，原子は，新たにつくりだすこともできなければ，なくしてしまうこともできず，また，もうこれ以上小さい粒子に分割することもできないということです（P.18参照）。

私たちのからだも原子からできています。その原子たちは，以前は恐竜のからだの原子や，いん石の中にあった原子だったかもしれません。さまざまな変化を経ても，こわれず，消えずに，私たちのからだをつくっています。原子は不滅です。この考えからすると，からだから物質が出たり入ったりしなければ，からだの質量は変わらないことになります。

科学コラム

食事をしたら体重はどうなる？

食べたものがからだの中でどうなるかを知るために、体重の変化を調べた科学者がいます。イタリア人のサントリオ・サントリオ（1561～1636）です。サントリオは、座席がついていて、座ったままで体重や大便や尿の質量がはかれる大きなてんびんを設計してつくらせました。そのてんびんの座席に1日中座って、食物、飲み物、大便、尿など、自分のからだに出入りするものはすべてその質量をはかりました。

食べれば食べた分だけ質量がふえ、排便や排尿をすればその分減りました。その結果、1日に食べた量より、大便や尿で外に出した量は、ずっと少ないことがわかりました。それなら、からだの中に取り入れた食物や飲み物の質量から、大便と尿の質量を引いた分だけ、1日の間に体重はふえるはずです。ところが、ほぼ同じ体重になりました。

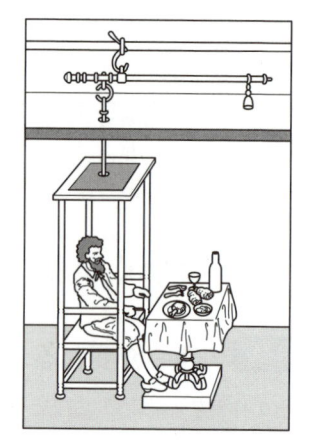

彼は「おそらく、からだの中に取り入れた食物や飲み物の一部は、人間の目に見えない形でからだの外へ出ていってしまったのだ。だから、その分だけ体重の増加が少なかったのだ」と考えました。それは主に皮ふの表面から蒸発する水分でした。

それをふくめると、からだに入ってきた物質の質量と、出ていった物質の質量とは、同じになることが確かめられました。

7. 分子

ドルトンが原子の考え方をまとめたあとに、イタリアの科学者アボガドロ（1776～1856）は、水素や酸素などの気体の物質では、水素や酸素は原子として存在するのではなく、いくつかの原子が結びついた状態で存在していると考えました。[※1] この原子と原子が結びついた粒のことを**分子**といいます。分子は英語ではモレキュール（molecule）といいます。これは、

※1　ヘリウムやアルゴンでは、原子1個が分子をつくっている。

モールスという「かたまり，量」という意味の言葉が語源です。

水素や酸素などの気体は，同じ種類の原子が2個結びついた分子でできています。また，水は，水素原子2個と酸素原子1個の合計3個の原子が結びついた分子でできています（図10参照）。

元素記号を使うと，分子をつくっている原子の種類と数をはっきり表すことができます。

水素分子のモデル ○○ の ○ を元素記号の H に置きかえると HH になりますが，同じ原子をまとめ，H_2 と個数を右下にかきます。

また，水分子 ○●○ は ○ を H に，● を O に置きかえると，HOH になりますが，同じ原子をまとめ H_2O とかきます。

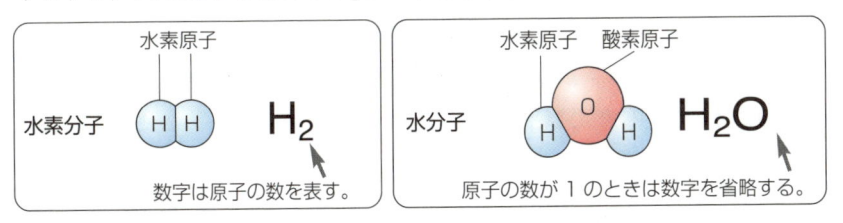

図10 化学式の表し方（1）

8. 物質の化学式

次に，分子をつくっている物質を原子の記号を使って表したものを見てみましょう。

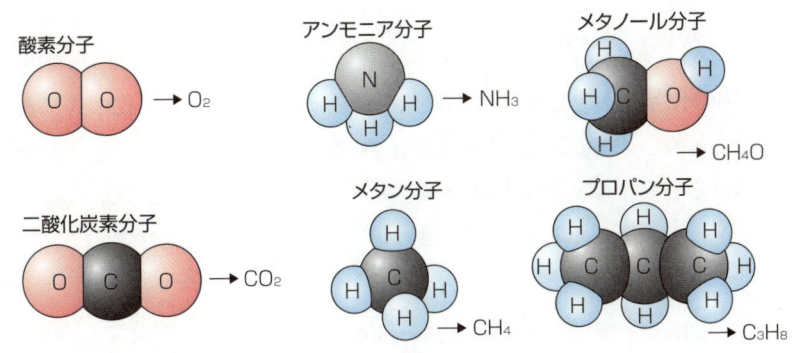

図11 いろいろな分子を原子の記号（元素記号）で表す

このように，分子は，分子をつくっている原子の種類を表す元素記号と，その原子が結びついている個数（原子が1個のときは，右下の数字の1は省略する）とで表すことができます。※1 つまり，物質は元素記号と原子の個数を示す数字で表すことができます。これを**化学式**といいます。

【単体の化学式】　1種類の原子からできている物質を化学式で表してみましょう。水素や酸素は1種類の原子が結びついた分子からできている物質です。例えば，水素は水素原子2つからなる分子ですから，化学式は水素原子が2つ結びついているという意味で H_2 と表します。

　一方，銀，アルミニウム，鉄などの金属は，分子ではなく，1種類の原子が多数集まってできています。※2 また，炭素や硫黄も1種類の原子が多数集まってできています。このような物質の化学式は，元素記号1個で代表して表します。※3 例えば，銀は図12のように Ag と表します。

　このように，1種類の原子からできている物質を**単体**といいます。

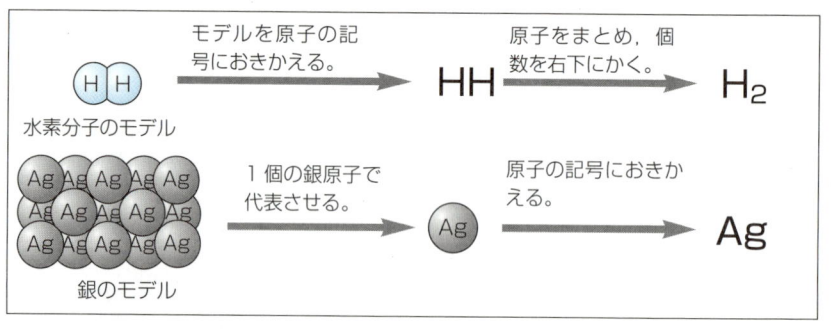

図12　単体の化学式の表し方

【化合物の化学式】　2種類以上の原子からできている物質を化学式で表してみましょう。水や二酸化炭素は2種類以上の原子が結びついた分子からできている物質です。例えば水は酸素原子1つと水素原子2つからなる分子ですから，化学式は H_2O と表します。

※1　これを分子式という。
※2　硫黄には8個の原子から成る分子 S_8 もある。
※3　これを組成式という。組成式も分子式も化学式の一種である。

一方，酸化銀や酸化銅は，分子ではなく，2種類以上の原子が一定の割合で多数結びついた物質です。このような物質の化学式は，図6のように割合で表します。例えば酸化銅は，銅原子と酸素原子が1対1で多数結びついているので，CuOと表します。[※4]

このように，2種類以上の原子からできている物質を**化合物**といいます。

```
水分子のモデル  モデルを原子の記号におきかえる。→ HOH  同じ種類の原子をまとめ，個数を右下にかく。→ H₂O

酸化銅のモデル（酸素と銅の数の比は1：1）  1個の銅原子と1個の酸素原子の組で代表させる。→ CuO  原子の記号におきかえる。→ CuO
```

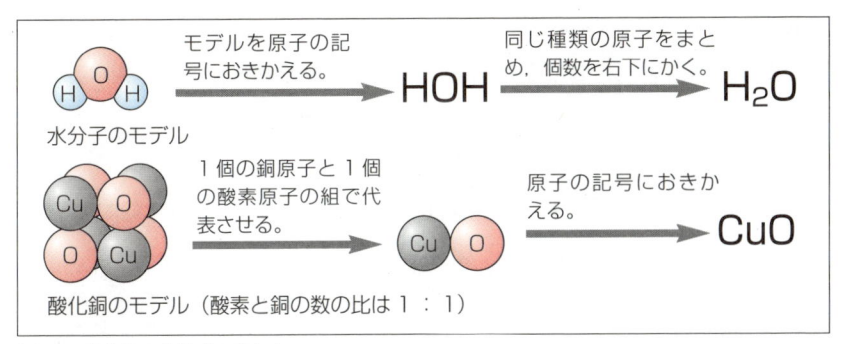

図13　化合物の化学式の表し方

9. 密度

実験　水と油ではどちらが浮くか調べてみよう

　5 cm³で4 gの油に20 cm³で20 gの水を入れると，油は水に浮くことがわかっている。
　では，20 cm³で16 gの油に5 cm³で5 gの水を入れると，油は浮くだろうか。あるいは沈むだろうか。

　私たちが日常的に使う「重い・軽い」という言葉は，「全体での質量」，あるいは，「ある体積あたりの質量」の2通りの意味で使われます。

　例えば，物体の浮き沈みを考えるとき，「重いものは沈み，軽いものは浮く」といいますが，この場合の「重い・軽い」は，ある体積あたりの質量のことです。

　物質の体積 1 cm³ あたりの質量を**密度**といいます。密度の単位は，**グラム毎立方センチメートル**（記号：**g/cm³**）が使われます。

　上の実験では，水と油の密度の大小を知ると，浮き沈みを予想できます。

※4　酸化銅には黒色のCuOのほかに，赤色のCu_2Oもある。

〔液体の密度〕＞〔入れる物の密度〕ならば，物は浮きます。

　さて，ある物体（材料の物質は未知）の密度を求めるためには，どうすればよいでしょうか。体積 $1\,\mathrm{cm}^3$ の物体をつくり，質量をはかれば求めることができますが，いつも簡単に $1\,\mathrm{cm}^3$ の物体をつくることができるわけではありません。物体を破壊しないで，$1\,\mathrm{cm}^3$ の質量を求めることはできないでしょうか。

　そこで，次のようにして $1\,\mathrm{cm}^3$ あたりの質量を求めます。

　まず，物体の質量と体積をはかります。例えば，ある物体は 393g で $50\,\mathrm{cm}^3$ でした。

　$1\,\mathrm{cm}^3$ あたりの質量を計算するには 393g を $50\,\mathrm{cm}^3$ で割ればよいので，$393\,\mathrm{g} \div 50\,\mathrm{cm}^3 = 7.86\,\mathrm{g/cm}^3$ となり，密度は $7.86\,\mathrm{g/cm}^3$ になります。

　つまり，密度〔$\mathrm{g/cm}^3$〕は，質量〔g〕，体積〔cm^3〕を使って，次の式で表されます。

$$\text{密度} = \frac{\text{質量}}{\text{体積}}$$

密度の単位である $\mathrm{g/cm}^3$ は，密度を質量÷体積で求めるとき，同じように計算することで導かれます。

　質量の単位：g　　体積の単位：cm^3

$$\frac{\text{質量}}{\text{体積}} = \frac{\mathrm{g}}{\mathrm{cm}^3} \quad \rightarrow \quad \mathrm{g/cm}^3$$

この単位は $1\,\mathrm{cm}^3$ あたり何 g ということを表します。

　「/」は，1 あたりいくつかということを示す記号です。例えば，1 本 20 円の鉛筆も 5 本 100 円の鉛筆も，20 円/本，1 か月 500 円のこづかいは，500 円/月となります。

　表 2 は，各種の金属と，身のまわりの固体物質，液体物質の密度を示します。ナトリウムやカリウムのように水に浮く金属もあれば，こくたんのように水に沈む木材もあることがわかります。

　物質の密度は，物質をつくっている原子 1 個の質量と，原子のつまり具合で決まります。

水溶液は溶けている物質の濃度※1により，密度が変化します。

表2　物質（固体と液体）の密度

物質名	密度〔g/cm³〕	物質名	密度〔g/cm³〕	物質名	密度〔g/cm³〕
亜鉛	7.13	白金	21.45	新鮮な卵	1.08〜1.09
アルミニウム	2.70	タングステン	19.3	牛乳	1.03〜1.04
マグネシウム	1.74	鉄	7.87	ガソリン	0.66〜0.75
イリジウム	22.42	ナトリウム	0.97	灯油	0.80〜0.83
カリウム	0.86	鉛	11.35	氷	0.92
カルシウム	1.55	砂糖	1.59	水（0℃）	1.00
金	19.32	食塩	2.17	水（100℃）	0.96
銀	10.50	木材（ひのき）	0.49	エタノール	0.79
水銀	13.55	材（こくたん）	1.10〜1.30	濃硫酸	1.84

●食塩水溶液（20℃）の濃度ごとの密度〔g/cm³〕
　　1％−1.005　5％−1.034　10％−1.071　15％−1.109　20％−1.149
●砂糖水溶液（20℃）の濃度ごとの密度〔g/cm³〕
　　5％−1.018　10％−1.038　15％−1.059　20％−1.081　25％−1.104　30％−1.127

問い　砂糖水に卵が浮くと思いますか，沈むと思いますか。

物質の密度は，物質をつくっている原子1個の質量と，原子のつまり具合で決まります。

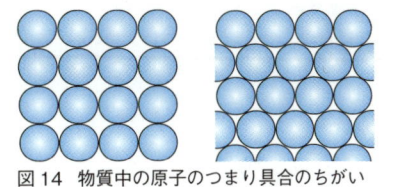

図14　物質中の原子のつまり具合のちがい

実験　物質の密度を調べてみよう

1. 1円玉をつくっている物質の密度を調べよう。
2. 水銀に鉄のかたまりを入れると，浮くか，沈むかを調べよう。

危険　「2.」の実験は，教師の監督のもとで行うこと。水銀の蒸気は有毒なので換気をよくし，吸いこまないように注意する。

※1　濃度（％）については，P.86参照。

科学コラム

人のからだの密度

　ふろを利用して，自分のからだの平均の密度を求めることができます。

　質量は体重計ではかれますから，体積をはかることさえできれば，自分のからだの密度を計算することができます。ふろを利用して，いちばん正確にからだの体積をはかるにはどうしたらいいか，方法を考えてくふうしてみましょう。

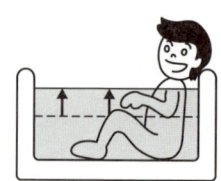

　正確にはかると，ほぼ $1\,\mathrm{g/cm^3}$ に近いという結果が出ます。肺の空気をはいた状態でほんの少し $1\,\mathrm{g/cm^3}$ より大きく，空気を吸いこんだ状態でほんの少し $1\,\mathrm{g/cm^3}$ より小さくなります。したがって，人は空気を吸いこんだ状態なら必ず水に浮くのです。

第2節　物質を大きく3つに分けよう

1. 金属原子と金属の特ちょう

問い　カルシウムという物質は何色をしていると思いますか。

　金属の色は，銅の赤茶色，金の黄金色，鉄やアルミニウムの銀色など，一様ではありません。しかし，新しい（みがいた）金属は，みなぴかぴか光って独特の光沢があります。これは，木やプラスチックなどほかのどんな物質よりも光をよく反射するからです。このため，金属の中を光は通過できません。このことは，うすい金属（アルミニウムはく）と金属ではない茶わんとを光に向けて，光がすけて見えるかどうかで確かめることができます。
　金属がもっている金属特有のかがやきを**金属光沢**といいます。金属光沢の色は，金や銅以外では銀色です。

実験　どの金属が電気を伝えるか調べよう

　いろいろな金属が電気をよく伝える（よく通す）か，図のようにして調べる。電気をよく伝えるときは，以下の（　）に○をつける。

（　）銅
（　）鉄
（　）アルミニウム
（　）亜鉛
（　）鉛
（　）マグネシウム
（　）水銀

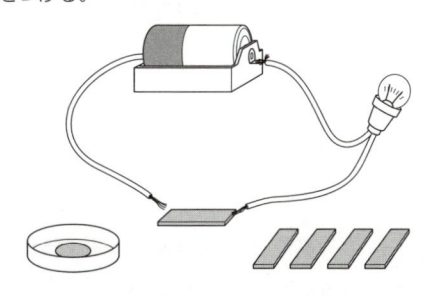

　金属は，金属光沢以外に

　　●電気や熱をよく伝える。
　　●たたくと広がり（**展性**），引っ張ると延びる（**延性**）。

という特ちょうをもっています。

みがくと金属光沢　　電気や熱をよく通す　　細い線状やうすい板状にのびる

図1　金属の3大特ちょう

　金属以外の物質でできているものは，たたくと割れて粉々になってしまいます。

　周期表を見て金属原子だったら，その金属原子だけからできている物質は，実物を見なくても銀色だと予想がつきます。

　カルシウム原子は金属原子です。ですからカルシウムは銀色をしているとわかるのです。また，カルシウムは電気をよく伝えるし，たたくと粉々にならずに広がります。

　骨やカルシウム補給の錠剤は，カルシウム原子だけからできているのではなく，カルシウム原子がほかの原子と結びついたものです。カルシウムは骨の中では，主にリン酸カルシウム（カルシウムがリンや酸素と結びついたもの）という形で存在しています。

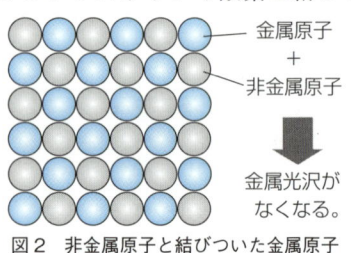

　金属原子と非金属原子とが結びついた物質は金属光沢がなくなります。純粋な鉄は銀色をしています。鉄さびは，鉄原子に非金属原子の酸素原子が結びついたため銀色でなくなったのです。

金属原子
＋
非金属原子

↓

金属光沢が
なくなる。

図2　非金属原子と結びついた金属原子

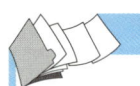

科学コラム

アラザンの表面の物質はなに？

　ケーキにのせる銀色をした丸い粒をアラザンといいます。アラザンの表面は銀色をしていますが，これも金属でしょうか。

　金属なら，電気をよく伝えます。そこで，電気をよく通すかどうか調べてみ

ましょう。豆電球がつくかどうかで調べる簡単なテスターでアラザンをはさむと、豆電球が光ります。電気をよく伝えるのです。さらにお湯に入れると中身が溶けて銀色のからが残ります。その銀色のからをある手段で調べたら銀だということがわかりました。銀メダルの銀です。

アルミニウムもくも銀色をしているので「なぜ安いアルミニウムを使わないのか？」という疑問がわきます。製造元によると、「アルミニウムでは胃の中で溶けるし、置いておくと光沢がにぶってしまいやすい」のでそのような変化をしない銀を使っているということでした。

2. 塩と砂糖

世界中には、とても数え切れないほどの種類の物質があり、それぞれの物質は個性的で魅力的な性質をもっています。こんなにたくさんある物質も、うんと大ざっぱに分けると、3つのなかま（グループ）になります。

身近にある物質で、それらのグループを代表するものといえば、鉄、塩、砂糖になります。

鉄のなかまは、簡単に見つけられますね。銅・アルミニウム・マグネシウムなどの金属のなかまです。これについては、前に学習しました。

塩と砂糖は、見た目が同じような白い結晶で、用途も同じ台所の調味料です。なかまのように思いますが、物質としては全くちがうグループに属するのです。

塩と砂糖はどのようにちがうのか調べてみましょう。

実験　塩と砂糖を調べよう

塩と砂糖を用意し、次のようにして調べよう。

1. 第一に、私たちの感覚器官を使って、色や形、においなどを調べる。互いに似ているところや、ちがうところはあるだろうか？
2. 次のいろいろな方法で物質にアタックしてみよう。
    ① ステンレス製のスプーンに粉末を少しとり加熱してみる。（火ぜめ）
    ② 水に溶かしてみる。（水ぜめ）

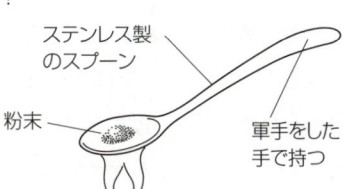

③水に溶けたものについては，電気が流れるか調べてみる。（電気ぜめ）

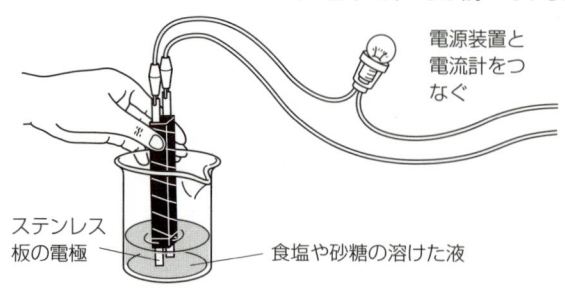

✗ 危険

塩や砂糖と一見同じような白い粉末でも，口に入れると危ない物質であることがあるので，むやみに未知の物質の味をみることは絶対にしないこと。

表1　実験結果（塩と砂糖）

	加熱	水への溶け方	水溶液に電流
塩	変化なし	溶ける	流れる
砂糖	とろける，におう，燃える	溶ける	流れない

　塩と砂糖で大きくちがったのは，加熱したときの様子と，水溶液が電流を通すか通さないかでした。

　私たちの身のまわりには，塩に近い性質をもったもの（塩のなかま）と，砂糖に近い性質をもったもの（砂糖のなかま）とがあります。

　ミョウバン（結晶カリミョウバン）とナフタレンを使って，前ページと同じような実験をすると，それぞれ塩のなかま，砂糖のなかまのいずれになるでしょうか。結果は，表2のようになります。

表2　実験結果（ミョウバンとナフタレン）

	加熱	水への溶け方	水溶液に電流
ミョウバン	変化なし	溶ける	流れる
ナフタレン	とろける，におうすすを出して燃える	溶けない	流れない

　加熱したときの様子と，水溶液に電流が流れるか流れないか，ということをみると，ミョウバンは塩のなかま，ナフタレンは砂糖のなかまになります。

【塩のなかま】　塩のなかまは，加熱してもあまり見た目には変化がみられないものがほとんどです。高い温度にするととろけますが，においはせず，冷えるともとのとおり固体にもどります。

また，塩のなかまは，たいていは水に溶けますが，石灰石のように水に溶けないものもあります。そして，水に溶ける場合は，必ずその水溶液は電流を通すという共通性がみられます。

塩のなかまには，硫酸銅，水酸化ナトリウムなどもふくまれます。

塩のなかまを理科室の薬品庫の中で探すには，物質名に注目するとよいでしょう。「…鉄」「…銅」「…ナトリウム」「…酸＋（金属名）」「塩化…」「酸化…」とあったら，たいてい塩のなかまです。

物質名の一部分に，鉄，銅，アルミニウム，マグネシウム，ナトリウム，カリウムなど金属名が入っていたら（つまり，金属がほかのものと結びついて金属のなかまではなくなっている），たいてい塩のなかまなのです。

【砂糖のなかま】　一方，砂糖のなかまは，加熱したとき，とろけやすく特有のにおいがします。

また，砂糖のなかまの水への溶け方は，砂糖は水に溶けますがむしろ例外で，ナフタレンのように水に溶けないもののほうが多くあります。そして，水に溶ける場合，その水溶液は電流を通しませんが，硫酸，酢酸のように，「…酸」とよばれる水溶液は例外的に電流を通します。

砂糖のなかまには，ナフタレン，デンプン，エタノール，酢酸などがふくまれます。

3. 無機物と有機物

もう1つ別の物質の分け方として，**無機物**と**有機物**に分けるというものがあります。

無機物・有機物の区別は，いったい，なにが「無い」とか「有る」で分けているのでしょうか？

じつは，有機物の「有機」とは，「生きている，生活をするはたらきがある」という意味です。生物のことを有機体といいます。

砂糖，デンプン，タンパク質，酢酸（酢の成分），アルコール，メタンなど，たくさんの物質が生物のはたらきでつくり出されます。かつて，そういう物質を有機物とよびました。有機体がつくる物質なので有機物と名づけたのです。

それに対し、無機物は、水や岩石や金属のように生物のはたらきを借りないでつくり出された物質です。

昔は、有機物は生命体がつくるものであって、人の手ではつくることができないと思われていましたが、1828年にウェーラーによって、有機物の1つである尿素(にょうそ)が初めて無機物から人工的につくられてから研究が進み、現在では、多くの有機物が人工的につくられています。

そのため、昔のように「生物の生命のはたらきでできているかどうか」では、有機物と無機物を区別できなくなりました。それでも、有機物は無機物と異なるいろいろな特ちょうがあるので、今でも有機物という言葉が用いられています。

【現在における有機物・無機物の区別の仕方】 現在、1000万種類以上の物質が知られていますが、その9割以上が有機物のなかまです。この中には、天然にはない有機物もたくさんあります。

現在、強(し)いて有機物・無機物の区別の仕方を説明するとすれば、「有機物は炭素をふくむ物質であると決められている」ということができます。

有機物を蒸し焼きにすると、炭ができます。また、有機物を燃やすと一般に二酸化炭素と水ができます。これは、有機物には炭素と水素がふくまれていることを示していますが、それ以外に酸素や窒素(ちっそ)もふくまれる場合も少なくありません。

なお、一酸化炭素、二酸化炭素、ダイヤモンド、黒鉛、石灰石（炭酸カルシウム）には炭素がふくまれますが、有機物に入れません。

無機物は、有機物以外の物質、炭素をふくまない物質ということになります。

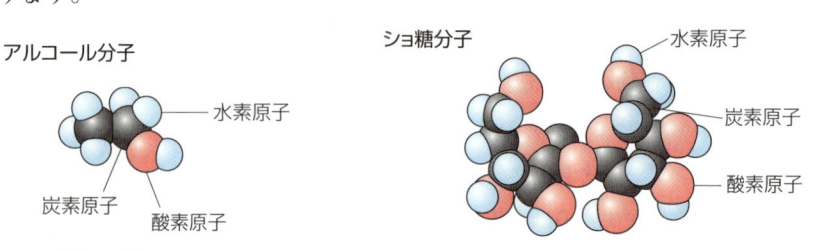

図3 有機物の例

トライ　レモン（有機物）を蒸し焼きにして，炭にしてみよう

① 空き缶の中にレモンを入れてアルミニウムはくでふたをする。
② アルミニウムはくのまわりを針金で巻いてとめる。
③ 竹ぐしでアルミニウムはくの真ん中に直径数 mm のあなをあける。
④ 換気のいいように野外で，カセットコンロの上に魚の焼き網を置き，その上に缶をのせて熱する。
⑤ 煙が出てくるので，そのけむりに火をつける。
⑥ 煙が出なくなったら火を止める（2 時間くらいかかる）。
⑦ 冷めたら，ふたをとり，中の炭を取り出す。

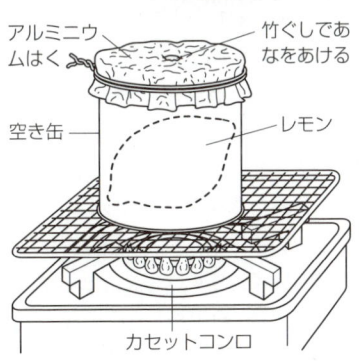

注意　必ず換気のよいところで行う。

科学コラム

有機物・無機物

　有機物には必ず炭素（C）が入っているように，その物質をつくっている物質によって異なっています。さまざまな物質には，どのような元素がどのくらいの割合で含まれるのでしょうか。

　宇宙全体に目を向けると，炭素はそれほど多くはなく，もっとも軽い元素の水素（H）と 2 番目に軽いヘリウム（He）がほとんどです。その割合は，水素が 93.3 ％，ヘリウムが 6.5 ％で，2 つを合わせると 99.8 ％になります。3 番目が酸素（O）で，その次にやっと炭素が登場します。5 番目の窒素（N）と合わせて O，C，N の合計でも 0.1 ％にしかなりません。これらはすべて無機物です。

　地球はどうでしょうか。陸地（地殻）の部分では，やはり岩石の成分であるケイ素（Si）と酸素（O）が多くあります。それに続くのは金属であるアルミニウ

ム（Al），鉄（Fe），それにカルシウム（Ca）やナトリウム（Na）などです。割合は，酸素が最も多く 46.6 ％，ケイ素が 28.1 ％，アルミニウム 8.2 ％，鉄 5.6 ％，カルシウム 4.2 ％，さらにナトリウム＞マグネシウム（Mg）＞カリウム（K）と続きます。炭素はわずかに 0.03 ％しかなく，ベストテンには入りません。地殻には石炭や石油（有機物）が埋蔵されているといっても，割合にしたらごくわずかですね。海では当然ながら水が最も多いので，元素の割合としては酸素が 75 ％，水素が 10.5 ％であり，それに続いて 90 ページ（図1）に示した塩化ナトリウムなどの塩類の成分元素が含まれます。

　一方，私たちのからだの中でも実は，物質として一番多いのは水で，人体のおよそ 60 ％を占めます。次は筋肉や内臓などをつくる有機物なので，元素の割合としては，酸素が 63 ％，炭素が 19 ％，水素が 10 ％，窒素が 5 ％で，ここまでで 97 ％になります。以下は骨（無機物）の成分などが，カルシウム＞リン（P）＞塩素（Cl）＞カリウム＞ヨウ素（I）＞硫黄（S）と続きますが，さまざまな元素を含んでいる地殻に比べると元素の種類は多くはありません。有機物には，生物に関係するもの以外にプラスチックなど人工的なものもありますが，やはり構成元素は多くはなく，せいぜい 10 種類程度です。このようにわずかな種類の元素で 3000 万種類をこえる人工的な有機物がつくられているのはおどろきですが，これはひとえに炭素のもつ特別な性質のおかげです。炭素原子どうしは多数がつながりやすく，物質の基本構造をつくるのに適しています。

4. 巨大な分子

　毎日食べているご飯にふくまれているデンプンも有機物です。デンプン分子は，炭素原子Ｃや水素原子Ｈや酸素原子Ｏがなんと数百万個も集まってできているのです。このような分子を**高分子**とよびます。水の場合にはＨ 2個とＯ 1個の 3つの原子が結びついて 1つの分子をつくっていることを考えると，デンプン分子はとてつもなく大きな分子です。

　高分子には，ほかにもタンパク質，脂肪，植物せんいであるセルロースのように生物の体の一部になっているものや，人間が人工的に科学の力で原子をつないでつくったプラスチックがあります。これらはどれも，高分子の中でも有機物に分類されます。

第2節 物質を大きく3つに分けよう

> **実験** **プラスチックを調べよう**
>
> プラスチックをほんの少し金属のスプーンにとって、弱火でゆっくり加熱してみる。
> - 融解する（とろける）か。
> - においはするか。
> - 針金でつついて引き上げてみたとき、糸を引くか。
> - 燃えるか。燃えるとき煙は出るか。すすは出るか。
>
> 金属製のスプーン

プラスチックにもいろいろな種類がありますが、多くは次のような性質があります。

- **熱に弱く、少し加熱しただけでとろける（やわらかくなる）。**
- **燃えたりもする。**

これらの性質から、プラスチックは砂糖のなかま（有機物）であることがわかります。また、軽くて、さまざまな薬品に対しても強く、変形させやすいので、いろいろな形のものをつくることもでき、われわれの快適な生活をささえている物質です。

プラスチックの中には熱に強いもの、燃えないものもあります。

プラスチックがゴミになると始末が大変です。うめてもかさばり、いつまでも腐りません。燃やすと有毒物質ができる場合もあります。そのため環境に優しいプラスチックとして、土にうめると微生物によって分解されやすいものや、リサイクルしやすいものを開発する研究が進められています（実際に利用されているものもあります。次ページのコラム参照）。

科学コラム

プラスチックを見分ける

みなさんの学校にはまだ使用し続けている焼却炉があるでしょうか。焼却炉が残っていても，もう使用されず，公共のゴミ収集車が回収にきていると思います。

学校の焼却炉が使用されなくなったのは，プラスチックのなかまがもつ問題がきっかけでした。プラスチックは有機物で，CやHをふくんでいますから，完全に燃えてしまうと二酸化炭素や水になります。しかし，プラスチックのなかまには塩素をふくむものもあります。これらのプラスチックが燃焼すると，毒物であるダイオキシンを発生させることがあるとわかりました。そこで，最近では，ダイオキシンを出さない安全な焼却処理をするようになっています。かつての学校などの焼却炉では，ダイオキシンが発生してしまうおそれがあったのです。

生分解性プラスチックが使われている製品

プラスチックを焼却せずにリサイクルすることも進められ，例えば，ペットボトルからフリース（防寒素材）がつくられています。また，微生物に分解されやすい生分解性プラスチックも開発中で，パソコンの本体にも使われようとしています。

次のようにすると，塩素をふくむプラスチックを見分けることができます。

<塩素をふくむプラスチックを見分けよう>

家庭で簡単にできる炎色反応を利用した方法をやってみましょう（バイルシュタイン反応といいます）。

① わりばしに細い銅線を巻きつけて空焼きします。
② 熱いうちにプラスチックに銅線の部分をおしつけます。
③ ②でとけたプラスチックがつい

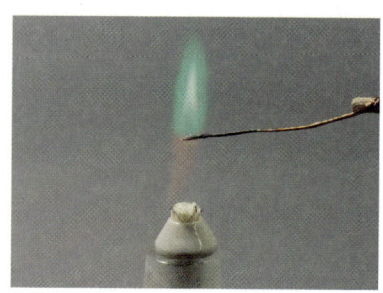

塩素をふくんでいるときの炎の色

た部分を再度燃焼させます。
　④ 炎の色が青緑なら塩素をふくんでいます。
　　（必ず換気などに十分に注意して行いましょう。）
　みなさんの中には，燃えるとダイオキシンを出すなら塩素をふくむプラスチックはつくらなければいいと思う人もいるでしょう。しかし，塩素系プラスチックが担っている部分はまだまだ大きく，それにかわる新素材の開発は，まだまだこれからなのです。将来，みなさんの力も必要ですね。

第2章

物質の状態変化と気体

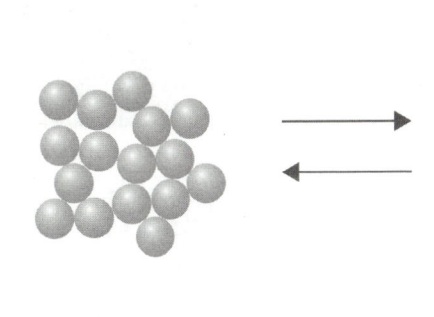

本章の主な内容

第1節 物質の状態変化
液体を熱するとどうなるか
沸騰する温度（沸点）を測定しよう
液体→気体のときミクロレベルで起こっていること
気体を液体にするには／蒸留
液体を固体にするには／固体を液体にするには
水の不思議／状態変化のまとめ

第2節 熱と温度
熱と温度のちがい／熱量／比熱
温度と分子運動／熱伝導と分子運動
物質はどこまで冷やせるか

第3節 常温で気体の物質
分子の集まり方と密度／気体の密度
空気／酸素／二酸化炭素／
水素／アンモニア
危険な気体を知っておこう
気体の性質とその集め方

第2章 物質の状態変化と気体

水は，あたためたり冷やしたりすると，水蒸気や氷へと姿を変えます。
このとき，物質をつくっている原子や分子はどうなっているのでしょうか。
また，常温（私たちがくらしている温度）で気体の物質は，どんな性質をもっているのでしょうか。

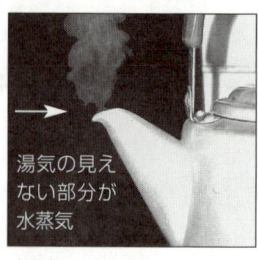

湯気の見えない部分が水蒸気

水蒸気へと姿を変える水

第1節　物質の状態変化

温度が変化すると，物質は固体になったり，液体になったり，気体になったりします。このような変化を物質の**状態変化**といいます。

1. 液体を熱するとどうなるか

実験　アルコール入りのゴム風船をあたためてみよう

アルコール（メタノールあるいはエタノール）だけを入れたゴム風船に約90℃の水（熱湯）をかけてみよう。ゴム風船の大きさはどうなると思うか。予想してから，調べてみよう。

　ア　大きくふくらむ。　　　イ　少しふくらむ。
　ウ　ほとんど変わらない。　エ　少ししぼむ。

アルコールだけが入ったゴム風船

湯をかけて熱を加える。

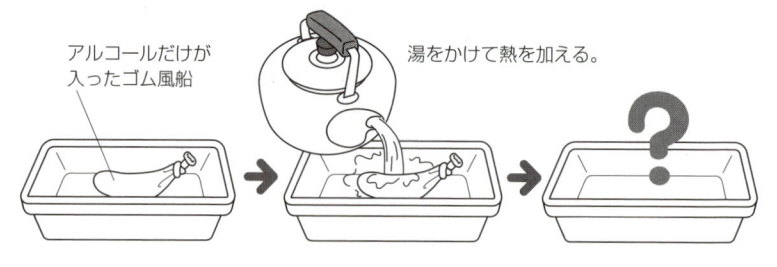

ゴム風船は，熱湯をかけると大きくふくらみます。熱湯をかけるのをやめると，ゴム風船はしぼんでいきます。しぼんだゴム風船に熱湯をかける

とまたふくらみます。

　ゴム風船の中ではどんなことが起こっているのでしょうか。中で起こっていることがわかるように、透明なポリエチレンのふくろにアルコールだけを入れて約90℃の水（熱湯）をかけてみることにしましょう。

　熱湯をかけてふくらんだポリエチレンのふくろの中には、アルコールの姿が見えません。冷えてふくろがしぼむと、アルコールが集まってきます。

　さらにはっきりわかるように、注射器で次のような実験をしてみます。アルコールだけを入れた注射器を約90℃の水に入れます。これは、アルコールだけを入れたポリエチレンのふくろに約90℃の水をかけることと同じです。熱湯に入れると、ピストンが上がっていきます。アルコールの中からは泡が出ています。この泡の中身はアルコールの気体です。

図1　注射器にアルコールを入れて湯であたためる実験

　液体の内部から泡がさかんに出て気体に変わっていく現象を、沸騰といいます。液体が液体でいられなくなって、液体の中からどんどん気体になっているのです。さかんに沸騰している水を見て、私たちは「ぐらぐら煮えたっている」といいます。水の中からもさかんに泡（気体になった水）が出ているので、表面が波打つのです。

　「沸騰」と似た言葉に「蒸発」があります。蒸発は、液体の表面から気体になっていくことです。水が蒸発するという現象は、私たちの身のまわりで、いつでも起こっています。

　洗たく物がかわき、雨の日にできた水たまりが自然に消えるのは水が沸騰したからではありません。水の表面から気体（水蒸気）になっていったからです。つまり水が蒸発したのです。[※1]

　問題　身のまわりで蒸発が起こっている例を探してみましょう。

※1　液体が沸騰しているときにも蒸発が起きている。液体の中にできた泡の表面（泡の中の気体と液体との境目）で、液体が蒸発している。

2. 沸騰する温度（沸点）を測定しよう

　水だけが入ったポリエチレンのふくろに90℃の水をかけるとどうなるでしょうか。アルコールが入っている場合とちがって、ポリエチレンのふくろの大きさはほとんど変わりません。水が沸騰する温度は100℃です。水も水蒸気という気体になります。しかし、90℃では表面からの蒸発はあっても、アルコールのように沸騰しているわけではないので、大きくふくらむまでにはならないのです。アルコールと水では、沸騰する温度がちがうようです。

　物質が沸騰する温度を、その物質の**沸点**といいます。それでは、エタノールの沸点は何℃でしょうか。

実験　エタノールの沸点を測定しよう

　右図のようにして、試験管内のエタノールを加熱し、熱した時間と温度を測定して、グラフに表そう。

- 試験管内のエタノールの量を変えて同じように測定し、グラフに表してみよう。

❌ **危険**　エタノールは火がつきやすいので、直接熱したり、火のそばに置いたりしない。

　図2は、エタノールを熱した時間と温度をグラフにしたものです。また、水についての測定結果もグラフに表しています。

　沸点を測定する実験の結果から、次のことがわかります。

・沸騰するまでは、熱した時間が長くなるにつれて液体の温度は上がっていく。

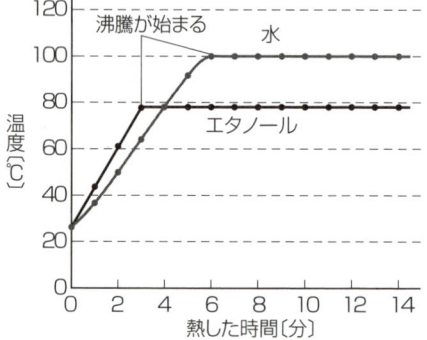

図2　水とエタノールの温度変化の例

- 沸騰が始まると，熱し続けているのに温度は一定になる。
- 沸点は，液体の量に無関係で，物質によって決まっている。例えば，水の沸点は100℃，エタノールの沸点は78℃である。[※1]
- 沸点以上の温度では，物質は液体ではいられず，気体になる。

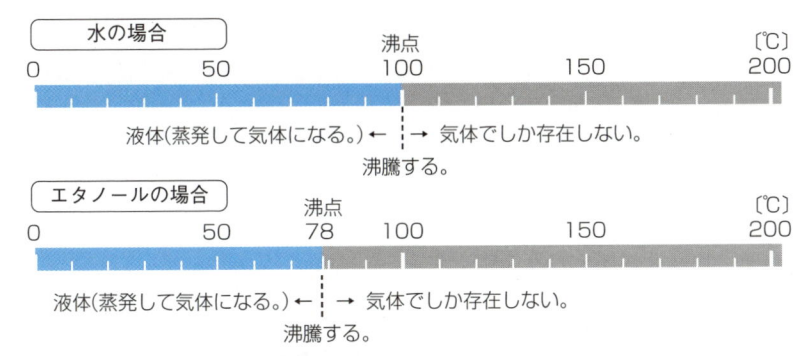

図3 水とエタノールの沸点前後の状態

3. 液体→気体のときミクロレベルで起こっていること

ポリエチレンのふくろに入れたエタノール（液体）の温度を沸点まで上げると，沸騰が始まって気体に変わり，ふくろがぱんぱんになりました。このとき，エタノールの分子の様子はどうなっていると思いますか。

問い　エタノールはエタノール分子からできています。エタノールの分子が目に見えたとして（○をエタノールの分子とする）想像図をかいてみましょう。
　　　ただし，エタノールの分子の数は，液体から気体になっても変わりません。

エタノールの分子が8個ある。（液体）

● 円の中に，気体になったエタノールの想像図をかこう。

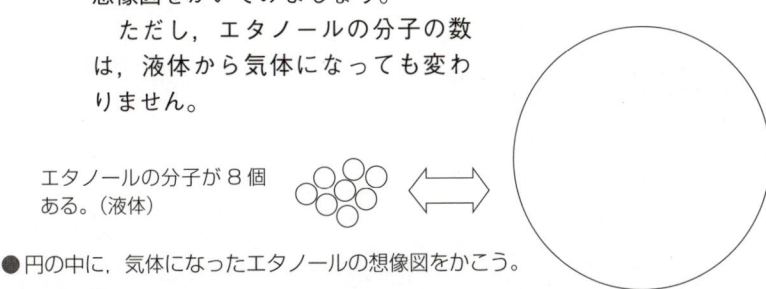

※1　水100℃，エタノール78℃は，1気圧（= 1013hPa）のときの沸点である。沸点は気圧が大きいと高く，気圧が小さいと低くなり，富士山の山頂では気圧は約640hPaで水は約88℃で沸騰する。またエベレスト（チョモランマ）の山頂（8848m，約330hPa）では水は約75℃で沸騰する。

液体や固体では，分子の間には互いに引き合う力がはたらき，分子どうしがくっつき合っています。この力を，**分子間力**といいます。

液体から気体に変わるとき，どんなことが起こっているのでしょうか。

液体を熱して温度を上げていくと，分子の動きがどんどん激しくなります。そして，沸点になると，分子間力をふりきって，1個1個の分子がばらばらになり，ビュンビュンと飛び回るようになります。1秒間に数百mの速さで飛び回るのです。ポリエチレンのふくろの内側にも，一瞬一瞬ものすごいスピードで，ものすごくたくさんの分子がぶつかっては，はね返ります。ぶつかってくるたくさんの分子におされて，ポリエチレンのふくろはあっというまにふくらみます。

気体のエタノールでは，ものすごい数の分子が，それぞれがものすごいスピードで動いています。私たちのまわりにある空気も，エタノールと同じように分子が飛び回ってぶつかり合っています。

お湯の中からポリエチレンのふくろを出すとしぼみました。これは温度が下がるにつれて分子のスピードが落ちて，分子どうしがぶつかってもはね返らずに，分子間力でくっつき合ってしまうからです。ポリエチレンの

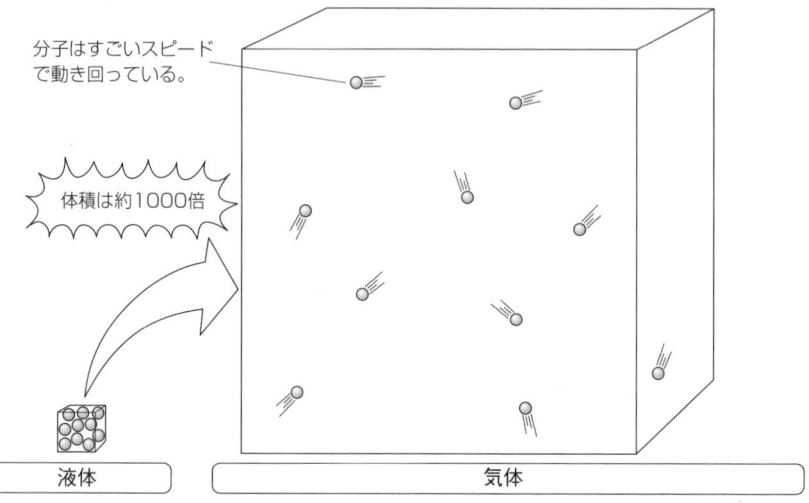

図4　液体→気体のときの体積変化

ふくろの内側にもくっつきます。そして、くっつき合うなかまがどんどんふえて、しずくになってふくろの底にたまっていくのです。

液体の水が気体の水（水蒸気）になると約1700倍にも体積が大きくなります。一般に、物質が液体から気体に変わると体積は約1000倍程度になります。縦、横、高さの長さが約10倍ずつ大きくなったことになります。

4. 気体を液体にするには

実験　気体を液体に変化させよう

右のポリエチレンのふくろに入っている気体を液体にすることができると思うか（ただし、気体名は秘密）。予想してから調べてみよう。

ア　この気体の沸点は今の温度よりも低いから、液体にはならない。
イ　この気体の沸点は今の温度よりも低いから、冷やせば液体になる。
ウ　気体の分子はばらばらに運動しているから、冷やしても液体にはならない。
エ　気体を冷やすと、ばらばらに運動している分子がくっついてはなれなくなるから液体になる。

それでは以下のような方法で気体を冷やしてみましょう。

ビーカーにくだいたドライアイスを入れて、そこにエタノールを入れると約−70℃まで冷やすことができます。この中に試験管をつけて冷やし、これに、ポリエチレンのふくろに入った気体を少しずつ送りこみます。

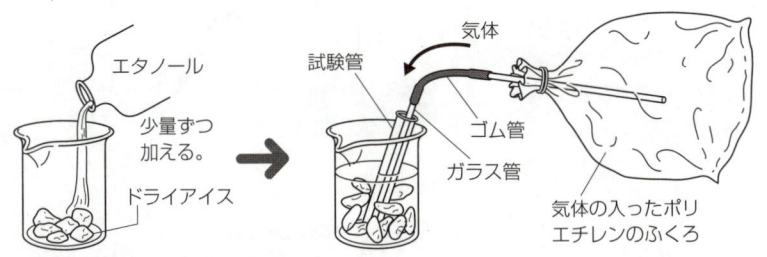

図5　気体を冷やして液体に変える実験

沸点が−70℃より高い物質は、この方法で気体から液体にすることがで

※1　100℃のときの値。20℃では約1300倍。

きます。沸点よりも低い温度に気体を冷やすと、ばらばらに運動していた気体の分子がくっつき合って液体になります。

窒素(沸点 －196℃)や酸素(沸点 －183℃)は、ずっと沸点が低いので、この方法では気体から液体にできません。しかし、他の方法で沸点以下にまで温度を下げれば、窒素や酸素も液体にできます。

- 気体のブタンを－70℃まで冷やして液体にする。
- 液体ブタン入りの試験管を取り出してしばらくすると、沸騰が始まる。口のところに火をつけると、炎を上げて燃える。
- 手でにぎってあたためると、炎が大きくなる。
- 試験管の下部を寒剤(エタノールとドライアイスを混ぜたもの)の中につけると、じょじょに炎が小さくなり消えてしまう。

液体ブタンが沸騰している。

図6 冷やして液体になったブタンの沸騰

5. 蒸留

赤ワインが沸騰してから85℃くらいまでの温度で出てきた気体を冷やしたものは、ほぼ無色の液体になります。この温度では、赤ワインの中の赤色

実験　赤ワインの蒸留

赤ワインを加熱して沸騰させると、沸騰中も出てくる蒸気の温度は少しずつ上がっていく。85℃くらいになるまでの間に出てきた気体を冷やして試験管に集めてみよう。

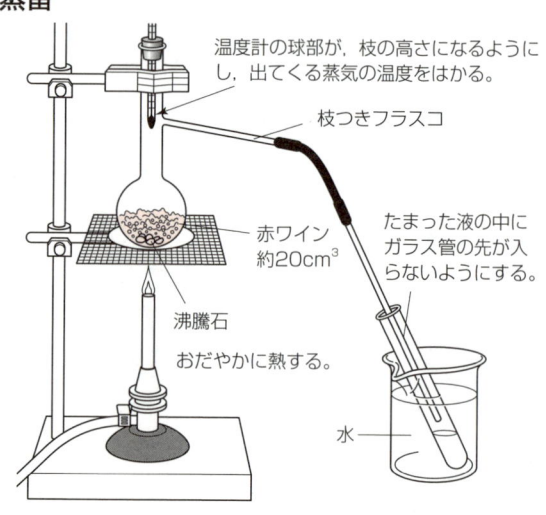

温度計の球部が、枝の高さになるようにし、出てくる蒸気の温度をはかる。

枝つきフラスコ

赤ワイン 約20cm^3

たまった液の中にガラス管の先が入らないようにする。

沸騰石 おだやかに熱する。

水

の物質は気体にならなかったのです。また，集めた液体に火をつけると無色の炎を上げて燃えます。この液体はエタノールです。

　赤ワインはエタノール，水，赤色の物質が混ざっています。そこからエタノールを取り出すことができたのです。

　100 ℃付近になってから出てきた気体を冷やして集めると水です。

　エタノールは水と比べて沸点が低いので，まずエタノールの沸点近くの温度で，エタノールを多くふくんでいる気体が出てきます。さらに温度を上げていくと，水の沸点近くの温度で，水蒸気を多くふくんでいる気体が出てきます。そのため，エタノールの沸点付近の温度で出てきた気体を冷やすと，エタノールを多くふくんだ液体を得ることができたのです。

　いろいろなものが混じっている液体を沸騰させ，出てくる気体を冷やすと，沸点の低い物質を取り出すことができます。この方法を**蒸留**（じょうりゅう）といいます。

　蒸留は，物質によって沸点がちがうことを利用しています。蒸留によって混合物をそれぞれの物質に分けたり，その一部を取り出したりすることができます。[※1]

（問題）　ワインの中の赤色の物質は，水と比べて沸点は高いでしょうか，低いでしょうか。

科学コラム

原油の蒸留

　原油の主な成分は，炭素原子と水素原子からできた分子でつくられています。炭素原子を1個しかふくまない軽い分子から，炭素原子を20個近くふくむ重い分子まで，いろいろな分子が混じり合った液体が原油なのです。

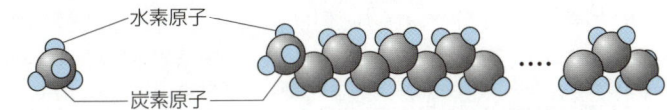

水素原子
炭素原子

炭素原子1個をふくむ分子　　　炭素原子を多くふくむ分子の例

※1　ワインを蒸留すると，ブランデーという洋酒の原料が得られる。

たくさんの炭素原子をふくむ重い分子からつくられた物質のほうが沸点は高いので，蒸留を使った技術で原油をそれぞれの物質に分けることができます。

```
精留塔
```

40℃
・炭素原子の数が1〜4個の分子
・液化天然ガス，石油化学製品の原料

40〜200℃
・炭素原子の数が5〜12個の分子
・ガソリン，石油化学製品の原料

200〜300℃
・炭素原子の数が12〜16個の分子
・灯油，航空機の燃料

250〜350℃
・炭素原子の数が15〜18個の分子
・軽油（ディーゼルエンジンの燃料）

300〜370℃
・炭素原子の数が16〜20個の分子
・重油（ボイラーや大型船の燃料），じゅんかつ油

加熱
原油

・炭素原子の数が20個以上の分子
・沸点が高いため，370℃以上でも蒸気にならない。
・アスファルト，ワックスなどの材料

炭素原子の数がふえて分子が重くなると，沸点が高くなる。

6. 液体を固体にするには

　私たちの身のまわりにあるいろいろな物質は，固体，液体，気体の3つの状態に分けることができます。

氷（固体）　　水（液体）　　水蒸気（気体）

固体と液体の物質は，その存在を目で確かめることができますが，気体は有色のもの以外目で見ることができません。また，物質を容器に入れたときの様子は，固体，液体，気体の3つの状態で異なります。固体は，容器に入れても形，体積は変わりません。液体は，体積は変わりませんが，形は容器の形にしたがって変わります。気体は，形も体積も容器にしたがって変わってしまいます。

図7　水の3つの状態

水銀は金属ですが，容器に入れると容器の形になり，容器から出すと流れます。したがって，液体状態の物質です。

　水銀の場合も，水などと同じように，状態変化が起こるのでしょうか。

図8　液体状態の水銀

実験　水銀を冷やしてみよう

水銀は固体にすることができるか。予想してから調べてみよう。
ア　できると思う。沸点と同じように液体と固体が移り変わる温度があると思うから。
イ　できると思う。水も冷やすと固体の氷になるから，水銀も冷やすと固体になる。
ウ　できないと思う。水銀はもともと液体だから。
エ　できないと思う。水銀は水のように透明な液体ではないから。

　水銀を入れてゴムせんをした試験管を，ドライアイスとエタノールを入れたビーカーにつけてみましょう。

　しばらくつけておいてから取り出すと，水銀が固まっています。試験管を逆さにしても水銀は動きません。よく見るとまん中がへこんでいます。水銀は，液体から固体になると体積が減ります。

　液体状態と固体状態の間には境目の温度があるようです。そこまで冷やせば液体も固体になるようです。

　固体の物質である塩化ナトリウム（食塩）を熱したらどうなるでしょうか。

7. 固体を液体にするには

　試験管の底から数mmくらいの厚さに食塩をつめて強く熱してみましょう。しばらくすると全体が湿ったような感じになり，食塩がとけていきます。試験管をゆすると，はじめのうちは液体の中にまだとけていない固体が沈んでいますが，ついには全部とけて液体になります。

パイレックス（耐熱性強化ガラス）試験管に塩化ナトリウムを入れる。

塩化ナトリウムは試験管の底から5mmくらいにぎっしりつめておく。

ガストーチやメッケルバーナー

図9　食塩を加熱する[※1]

※1　塩化ナトリウムの融点は801℃。850℃を超えると試験管（耐熱性）が軟化・変形するので，加熱しすぎないように注意。

食塩も液体状態と固体状態の間には境目の温度があり，そこまで温度を上げると固体が液体になります。

物質が固体から液体に変わることを**融解**といい，融解が起こる温度を**融点**といいます。つまり融点は，きちんと並んでいた固体の分子の運動が激しくなり，ついには固体でいられなくなって液体に変わる温度です。

食塩（塩化ナトリウム）の融点は 801 ℃です。食塩は 801 ℃以下では固体で，801 ℃をこえると液体になります。水の融点は 0 ℃です。水は 0 ℃以下では固体で，0 ℃をこえると液体になります。

8. 水の不思議

水をコップに入れて冷凍庫で凍らせると体積が増えます。どうしてでしょう。

氷では，たくさんの水分子たちが集まって，互いにがっちりとスクラムを組んでいます。しかし，分子同士はすきまの大きい集まり方をしています。液体の水では，水分子は互いに引き合いながら動き回るようになり，すきまが小さくなります。そのため，水が氷になると，すきまの分だけ体積がふえるのです。

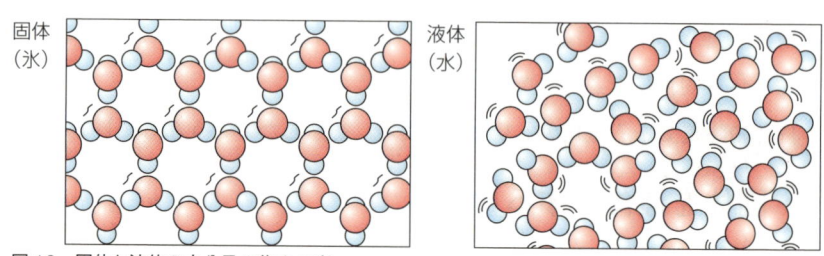

図10　固体と液体の水分子の集まり方

同じ個数の分子がつくる水と氷では，重さは同じです。しかし，体積は氷のほうが水よりも大きくなります。同じ体積の氷と水を比べると，氷のほうが水よりも軽くなります。氷の密度は，水の密度よりも小さいのです。ですから，氷は水に浮くのです。これは特別なことなのです。

水とはちがい，ほとんどの物質は，液体から固体へと変化するときに体

積が減ります。液体の水銀を冷やして固体にしたときのことを思い出してください（P.55）。液体から固体になると、物質をつくっている原子や分子のすきまが小さくなり、ぎっしりつまった状態になります。ほとんどの物質は、固体のほうが液体よりも密度が大きいのです。

　火のついたろうそくのしんのまわりのロウは、とけているときは水平な面なのに、火を消してしばらくすると、へこんでいます。ロウが液体から固体へ変化して、体積が減少したことが観察できます。水が氷になるときとは逆です。

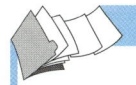

科学コラム

4℃の水

　液体の場合、ほとんどの物質は、温度が上がると膨張して軽く（密度が小さく）なります。しかし、水は、0℃から4℃までは温度が上がると重く（密度が大きく）なるのです。4℃よりも温度が上がると、水も、ほかの多くの物質と同じように膨張して軽くなります。ですから、水は4℃で最も重くなるのです。寒い北国の川や湖では、水面が0℃以下になって凍ってしまっても、底の方には4℃の重い水があります。水の中の生物は、氷のカバーに保護されて気温が低くても暮らしていけるのです。

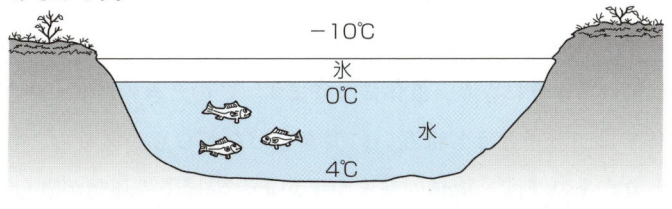

9. 状態変化のまとめ

　純粋な物質の融点、沸点は、物質によって決まっています。物質の量（質量）には関係しません。ですから、融点、沸点を調べれば、その物質がなにかがわかります。

　融点以上の温度では、物質は固体の状態でいられなくなって、液体の状

態になってしまいます。沸点以上の温度では，物質は液体の状態ではいられなくなって，気体の状態になってしまいます。[※1]

　物質が純粋であれば，固体から液体へと融解している間や，液体から気体へと沸騰している間は，加熱し続けても物質の温度は一定（融点と沸点）です。

　図11を見てください。水（氷）を熱し続けたとき，氷がとけ終わるまでは0℃のままですし，水が沸騰して，すべて水蒸気になるまでは100℃のままです。

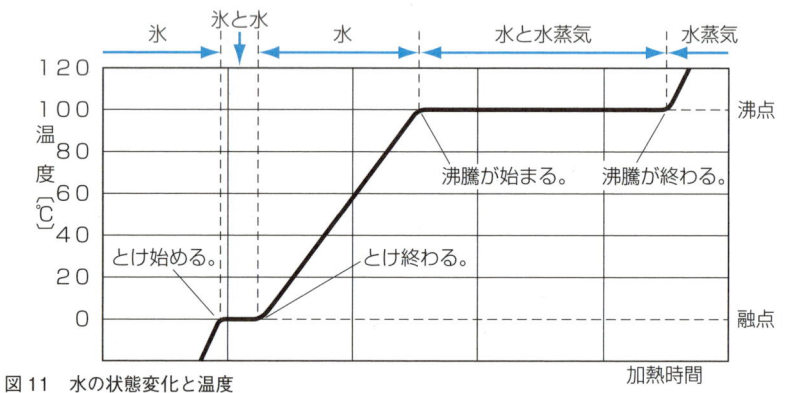

図11　水の状態変化と温度

　固体では，分子どうしが互いに引き合いながら，ぎっしりとつまって並んでいます。固体の温度が上がると，分子が引き合いながらも，いろいろな方向に動けるようになり，液体になります。このときの温度が融点です。

　液体では，分子どうしは互いに引き合いながらも，あちらこちらに動けるゆとりがあります。液体の温度が上がると，分子の運動が激しくなって，ついには互いに引き合う力をふりきって，気体に変わります。このときの温度が沸点です。気体では，分子はまったくばらばらになって，いろいろな方向に飛び回っています。

※1　固体表面，液体表面（とくに液体表面）から分子が飛び出していくことは，融点以下，沸点以下でも起こっている。

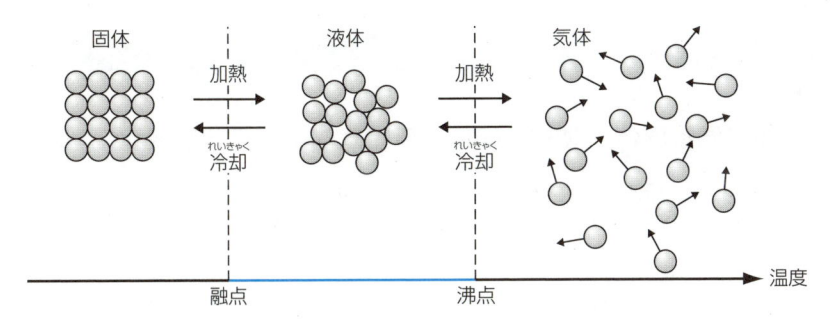

図12 ミクロなレベルで見た状態変化

実験　液体窒素で冷やしてみよう

液体窒素（約−200℃）でいろいろなものを冷やしてみよう。

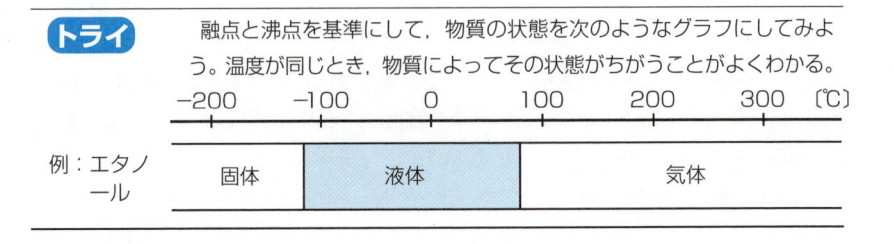

- ●酸素を液体にする。
  二酸化炭素を固体にする。
  （液体窒素、酸素や二酸化炭素入りのポリエチレンのふくろ）
- ●水銀を固体にする。※1
  固体になったときの水銀は、液体のときと比べてどうなったか。
- ●エタノールを固体※2 にする。
  （エタノール）

トライ

融点と沸点を基準にして、物質の状態を次のようなグラフにしてみよう。温度が同じとき、物質によってその状態がちがうことがよくわかる。

−200　−100　0　100　200　300　〔℃〕

例：エタノール　| 固体 | 液体 | 気体 |

※1　水銀が固体になったら、試験管を液体窒素から取り出すこと。さらに冷やし続けると試験管がわれてしまう。
※2　冷やす前に試験管のエタノールの液面のところにサインペンで印を付けておき、液面の変化を観察する。

科学コラム

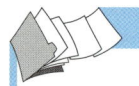

気体が直接固体になり，固体が直接気体になる状態変化

　二酸化炭素の気体を液体窒素（−196℃）で冷やすと，液体にはならず直接固体（ドライアイス）になりました。その，固体状態になった二酸化炭素は，氷のようにとけ出してぬれることはないから，ドライアイスといわれます。

　常温で放置すると液体にはならず，直接気体になる固体は，ほかでも見ることができます。たとえば衣類の防虫剤で，成分は，ナフタレンやパラジクロロベンゼンという有機物です。これらの物質を空気中に放置しておくと，とけることなくしだいに気体に変わっていきます（気化ともいいます）。気化した成分には特有のにおいがあって，虫を寄せ付けなくするのに役立ちます。しかも，液体にはならないから，服をぬらす心配もありません。

　また液体窒素を注ぐときに，もくもくと白い煙が漂うようすが見られるでしょう。この白い煙は，空気中の水蒸気（無色透明の気体）が急激に冷やされて，そのまま非常に細かい氷のつぶ（固体）となったものです。水蒸気はゆっくり冷やされると液体の水になり（凝縮，気象用語では凝結ともいわれます），急激に冷やされると氷のつぶになるのです。雲は，このようにしてできた氷のつぶです。

　気体によっては，二酸化炭素のようにゆっくり冷やしても液体にならず固体に状態変化するものもあり，水蒸気のように急激に冷やした場合にのみ，直接固体に状態変化するものもあります。どちらの場合も，気体が冷やされて直接固体になる状態変化であり，これを昇華といいます。逆に，固体が直接気体になる状態変化も昇華といわれます。なお，先に紹介した防虫剤成分のような有機物は，長い時間常温で放置すると直接気化（つまり昇華）しますが，短時間のうちに加熱した場合には液体に，さらに加熱を続け温度を上げれば気体に変わります。61ページ表1にあるナフタレンの融点や沸点は，そのようにして求められた値です。

表1 物質の融点と沸点（1気圧のとき）

物質	融点	沸点	物質	融点	沸点
酸素	−218℃	−183℃	銅	1085℃	2571℃
水素	−259℃	−253℃	アンモニア	−78℃	−33℃
窒素	−210℃	−196℃	エタノール	−115℃	78℃
アルミニウム	660℃	2520℃	塩化ナトリウム	801℃	1485℃
金	1064℃	2857℃	ナフタレン	81℃	218℃
銀	962℃	2162℃	酸化マグネシウム	2800℃	3600℃
鉄	1536℃	2863℃	水銀	−39℃	357℃

問題

1. 次の物質は室温（20℃）で固体，液体，気体のどの状態ですか。

    ナフタレン　　水銀　　窒素

2. 2000℃の世界があるとして，そこでは，次の物質は固体，液体，気体のどの状態ですか。

    塩化ナトリウム　　アルミニウム　　鉄

3. −200℃の世界があるとして，そこでは，次の物質は固体，液体，気体のどの状態ですか。

    酸素　　水素　　エタノール

第2節　熱と温度

1. 熱と温度のちがい

　温度とはなんでしょうか。「知ってるよ。気温が30℃なんてときはうんと暑いし，冷たい水に手を入れたら冷たいってわかるし，だいいち，温度計ではかればすぐわかるよ……。」

　そうですね。温度は私たちの身のまわりでいつも耳にする言葉です。でも，じつはそんなに簡単ではありません。

　これから，温度についてもっとくわしく考えていきましょう。

> **実験**　水の温度変化を調べよう
>
> 　図のように，温度の高い水が入った容器を温度の低い水の中につける。それぞれの容器に入っている水の温度は，どのように変化するか。

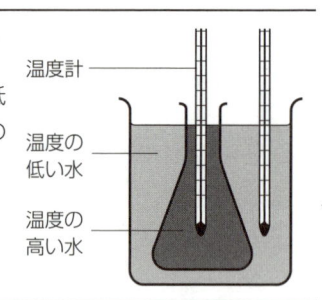

　50℃の水が入った容器に手をふれると熱く，0℃の水が入った容器に手をふれると冷たいですね。このような，物体の熱い，冷たいの度合いが温度です。

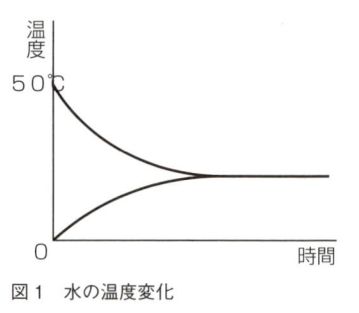

　温度の高い水が入った容器を温度の低い水につけておくと，温度が高い水の温度は下がり，温度が低い水の温度は上がって，最後には同じ温度になります。このようなとき，温度が高い水から温度が低い水に**熱**が移動したといいます。

　熱は，必ず高い温度の物体から低い温度の物体に移動します。

図1　水の温度変化

一般に，物体から熱が出ていくと物体の温度が下がり，物体が熱をもらうとその温度が上がります。そして，2つの物体の温度が等しくなると熱の移動が止まります。

2. 熱量

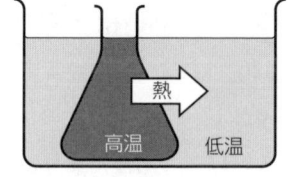

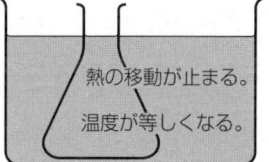

高温の物体から低温の物体へと移動す

図2 熱の移動と温度

るのが熱でした。どれくらいの量の熱が移動するか，そのときの熱の量を**熱量**といいます。
_{ねつりょう}

熱量の単位は，**カロリー**（記号：cal）や**ジュール**（記号：J）を使います。[※1] 1 cal は約 4.2 J です。水 1 g の温度を 1 ℃ 上げるのに必要な熱量が 1 cal（約 4.2 J）であるとされています。

たくさんの水の温度を 1 ℃ 上げるには，「水を 1 g ずつに分けて，それぞれを 1 ℃ 上げるのに必要な熱量をたし合わせる」と考えればよいことがわかっています。ですから，水 40 g の温度を 1 ℃ 上げるには 40 cal の熱量が必要です。次に，水 1 g の温度を，例えば 20 ℃ 上げるには，「1 ℃ 上げるたびに必要となる熱量を，温度上昇の分だけたし合わせる」と考えればよいことがわかっています。ですから，20 cal の熱量が必要となります。以上のことから，水 40 g の温度を 20 ℃ 上げるには，800（＝ 40 × 20）cal の熱量が必要であることがわかります。

3. 比熱

同じ熱量を，同じ温度，同じ質量の水と鉄にあたえると，鉄のほうが温度上昇が大きくなります。水 1 g を 1 ℃ 上げるのに必要な熱量が 1 cal（約 4.2 J）でしたが，物質によって 1 g を 1 ℃ 上げるのに必要な熱量がちがい

※1 国際単位系では，熱量は単位ジュール（記号：J）を使って表す。ジュールはエネルギーの大きさをあらわす単位でもあります（『物理』第 5 章第 1 節を参照）。

ます。

物質1gを1℃上げるのに必要な熱量を**比熱**といい，単位は**カロリー毎グラム毎度**（記号：cal/g℃ または cal/(g・℃)）やジュール毎グラム毎度（記号：J/g℃ または J/(g・℃)）を使います。

水の比熱は1cal/g℃（約4.2J/g℃）で，鉄の比熱は，0.1cal/g℃（約0.42J/g℃）です。比熱が大きいほど「あたたまりにくく，さめにくい」，比熱が小さいほど「あたたまりやすく，さめやすい」ことを示しています。水は，物質の中で比熱が非常に大きい物質です。ある比熱をもった物質の温度を上げるとき必要な熱量〔cal, J〕は，比熱〔cal/g℃, J/g℃〕，質量〔g〕，温度変化〔℃〕を使って，次の式で表されます。

熱量 ＝ 比熱×質量×温度変化

4. 温度と分子運動

ここで，あらためて温度とはなにか，ミクロの視点で考えてみましょう。

小さな容器に煙を入れて顕微鏡で観察すると，図3のように，煙の粒子が活発に不規則な運動をしている様子を見ることができます。

これは，おびただしい数の空気をつくっている分子がさかんに運動しているため，煙の粒子に衝突して不規則な運動をさせているのです。

このように，物質をつくっている分子はさかんに運動しており，これを**分子運動**といいます（図4）。

物質の温度は，その物質をつく

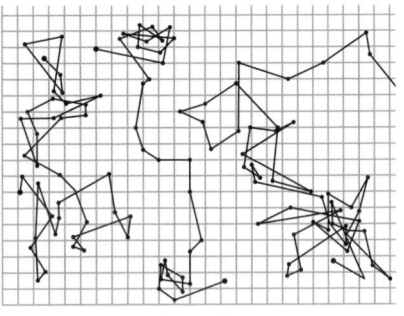

図3 不規則な運動をする粒子
運動する粒子の場所を一定時間ごとに調べた3つの例。煙の粒子もこのような不規則な運動をしていることがわかる。

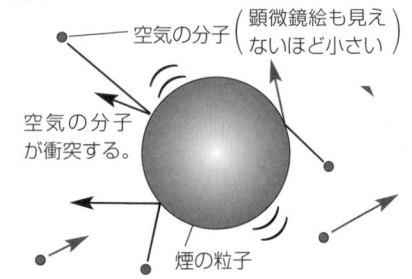

図4 空気をつくっている分子が煙の粒子に衝突する

っている原子や分子の運動の活発さに関係しています。原子や分子が活発に運動している物質ほど温度が高く，原子や分子がそれほど活発に運動していない物質ほど温度が低いのです。

5. 熱伝導と分子運動

　熱いお湯の入ったコップに冷たいスプーンを入れると，スプーンも熱くなります。このように，熱が移動するとき，ミクロなレベルではなにが起こっているのでしょうか。

　熱いお湯では，水分子が活発に運動しています。一方，温度の低いスプーンでは，スプーンをつくっている原子の運動はそれほど活発ではありません。

　スプーンの表面には，水分子がたくさん衝突してきます。今まであまり動いていなかったスプーンをつくっている原子は，激しく動いている水分子にはじかれてゆさぶられます。そして，今まで勢いよく動いていた水分子は，逆に動きが弱まります。

図5　ミクロの目で見た熱伝導の仕組み

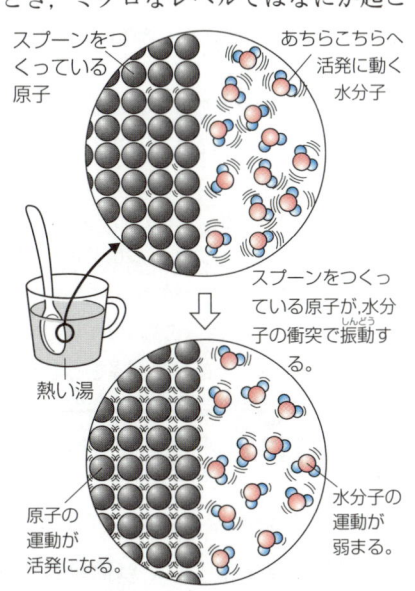

　たくさんの水分子で，たくさんのスプーンをつくっている原子がはじかれるため，スプーン内部の原子の運動もしだいに活発になり，スプーンの温度が上がります。しかし，水分子のほうは分子運動が弱まっていくので，お湯の温度は下がるのです。

　このように，熱の移動（熱伝導）をミクロの目で見ると，分子運動の活発さが伝わっていく現象であることがわかります。[※1]

発泡ポリスチレン板と鉄板 どちらが冷たい？

　発泡ポリスチレン板と鉄板を用意します。2つの板は，ずっと前から教室においてあり，教室内の空気の温度と等しくなっています。さて，発泡ポリスチレン板と鉄板の上に手をのせると，どちらが冷たく感じるでしょうか。おや？温度は同じはずなのに，鉄のほうが冷たく感じます。それはなぜでしょうか。人間の感覚がおかしいのでしょうか。いいえ，そうではありません。

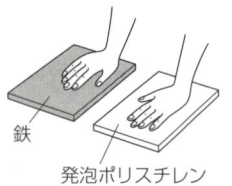

　鉄に手をふれると，温度の高い人間の手から温度の低い鉄へと熱が移ります。一般に，金属はほかのものに比べて熱を伝えやすいので，短い時間で多くの熱が移動していきます。このため，手の温度は大きく下がり，冷たく感じたのです。

　一方，発泡ポリスチレンは，内部に熱を伝えにくい空気の泡が入っています。ですから鉄に比べて熱の移動が少なく，手の温度はあまり下がらなかったのです。

　このように，物質の温度が同じでも，熱の伝わりやすさのちがいによって，手でふれたときの感じ方が異なるのです。

6. 物質はどこまで冷やせるか

　私たちが想像できるすごく高い温度というのは何℃ぐらいでしょう？水が沸騰している100℃は簡単に想像できると思います。製鉄所のどろどろの鉄は1500℃，太陽の表面の温度はおよそ5500℃，中心の温度は14000000℃以上になります。このように，分子運動は際限なく活発さを増します。温度に上限はないのです。

　それでは，低い温度のほうは何℃まであるのでしょうか？　分子運動がどんどん不活発になっていくと，やがて，停止してしまいます。分子運動が停止してしまうと，それ以上，分子運動の活発さを低くすることはできま

※1　金属の場合の熱伝導では，自由電子の役割が大きい。また，熱伝導以外に，赤外線によっても熱が運ばれる（『物理』第1章第4節）。

せん。つまり，温度には下限があるのです。実験から推定すると，物質の温度は－273℃以下にはなりません。

それ以上絶対に下げることができない温度を，**絶対0度**とよびます。また，この温度を基準にした温度の単位を**ケルビン**（記号：**K**）といいます。－273℃が0K（ゼロケルビン）で，1℃の温度上昇は1Kの温度上昇になるように目盛りが決められています。ですから，0℃は273Kになります。

液体窒素の沸点は－196℃（77K）です。液体窒素を使うと，非常に低い温度での物質の状態を知る手がかりになります。この温度では，ほとんどの物質が液体もしくは固体になります。

科学コラム

温度を上げるには？

いろんな方法で温度を上げてみましょう。
1. 注射器の口をふさいで空気を閉じこめ，ピストンをおしたり，引いたりしてみよう。
2. 物と物を強くこすり合わせてみよう。
3. レンズで太陽の光を集めてみよう。

サーモテープをはった注射器に空気を入れて，ピストンをぐっとおしてみましょう。注射器の中の空気の温度が上がります。逆に，ピストンをぐっと引くと空気の温度は下がります。

ピストンで空気をおし縮めると，空気の分子の動きに勢いをつけたのと同じことになり，空気の温度が上がります。逆に，ピストンを引くと，分子運動の勢いが弱まり，温度が下がります。

寒いときに両手をこすり合わせるとあたたかくなります。2つの物体を強くこすり合わせると温度が上がります。これは，2つの物体の表面にある原子や分子が，互いに勢いよくぶつかり合うため，それらの運動が活発になるからです。

太陽の光を虫めがねで点のようにせまい場所に集めると，紙が燃えるぐらいの温度になります。黒い紙なら簡単に火がつきます。光をせまい場所に集めると，光のエネルギーがそこに集中して温度が上がるのです。

このほかにも，温度を上げる方法をいろいろ考えてみましょう。

第3節　常温で気体の物質

1. 分子の集まり方と密度

　物質が，固体や液体の状態から，気体へと変化すると，物質をつくっている分子はばらばらになり，大きな体積に広がって，すごいスピードで運動し始めます。物質の質量が変わらなければ，その体積の大きさは，気体＞液体＞固体になります。[※1]

　物質の種類によって程度の差はありますが，物質が気体の状態になると，固体や液体のときに比べてその体積が約1000倍になります。したがって，気体の密度は，固体や液体に比べて，圧倒的に小さくなります。

2. 気体の密度

　気体の密度は，一般に1Lあたりの質量で表し，単位は**グラム毎リットル〔記号：g/L〕**を使います。また，気体は温度や圧力によって大きく体積が変わるため，気体の密度を比べるときは，温度と圧力の条件を同じにして示します。表1にある気体の密度は，0℃，1気圧のときの値です。

　空気の密度と比べて，小さいか大きいかによって，気体のかたまりが空気中で浮くか沈むかが決まります。水素入りのシャボン玉はすーっと上に飛んでいきます。二酸化炭素入りのシャボン玉はすとんと下に落ちてしまいます（密度についてはP.29参照）。

※1　P.56〜7で述べたように，私たちの身近な物質である水は例外である。水のように密度が固体＜液体となる物質はアンチモンなど数えるほどしかない。

表1　気体の密度（0 ℃，1気圧，単位は g/L）

物質	密度
塩素	3.214
二酸化硫黄	2.926
ブタン	2.70
プロパン	2.02
二酸化炭素	1.977
酸素	1.429

物質	密度
空気	1.293
窒素	1.250
アンモニア	0.771
メタン	0.717
ヘリウム	0.179
水素	0.090

実験　空気の密度をはかってみよう

① スプレー缶に空気入れで空気を圧縮して入れ，質量をはかる。
② スプレー缶から圧縮した空気を放出し，水上置換（水と置きかえて集める方法）でメスシリンダーに捕集する。体積1L分の空気を捕集する。
③ 再び，スプレー缶の質量を求める。放出前後での缶の質量の差が1Lの空気の質量である。

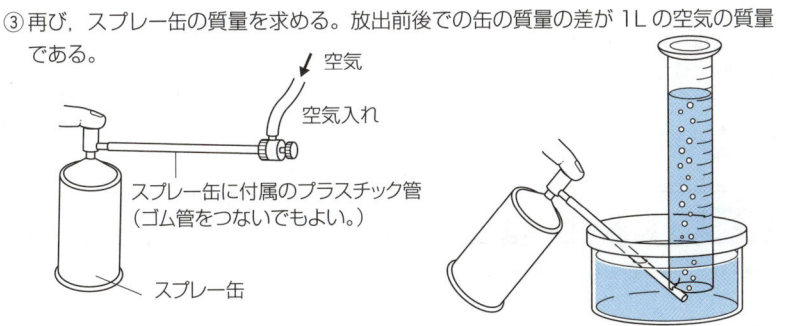

空気
空気入れ
スプレー缶に付属のプラスチック管
（ゴム管をつないでもよい。）
スプレー缶

空気入れで空気を入れて，スプレー全体の質量をはかる。

水上置換で空気を出したあと，スプレー缶全体の質量をはかる。

3. 空気

地球を包む気体の層を**大気**といいます。高いところにいくほど大気はうすくなっていきます。3万 km くらいの高さまでを**大気圏**といいます。

私たちが呼吸できる空気は，その大気のうち地面から50kmぐらいまでの気体です。

空気はいろいろな気体の分子が混じり合

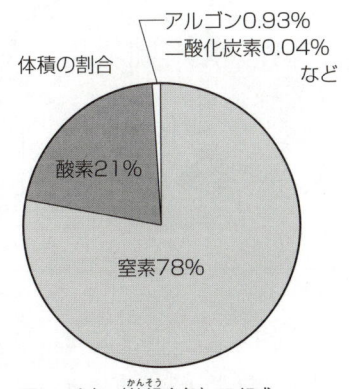

体積の割合
アルゴン0.93%
二酸化炭素0.04%
など
酸素21%
窒素78%

図1　空気（乾燥空気）の組成

った混合気体です。体積の割合でみると，空気の 78 % は窒素，21 % は酸素です。その他の気体のほとんどは，アルゴンや二酸化炭素などです。それ以外に，空気にほんのわずかしかふくまれていない気体として，ネオン，ヘリウム，メタンなどがあります。

　空気を冷やしていくと，液体にすることができます。液体の空気には，窒素や酸素といった物質が液体状態になって混じり合っています。液体空気は液体窒素や液体酸素の混合物なのです。液体空気の温度を上げていくと，窒素のほうが酸素よりも沸点が低いので，液体窒素のほうが先に沸騰して気体になります。このとき出てきた気体を冷やせば液体窒素になります。残った液体は液体酸素です。こうして空気から窒素や酸素などの各成分を分けていくことができます。つまり，さまざまな物質が混じり合った液体空気を蒸留するのです。

4. 酸素

実験　酸素を調べよう

酸素系漂白剤で酸素を発生させて酸素の性質を調べよう。

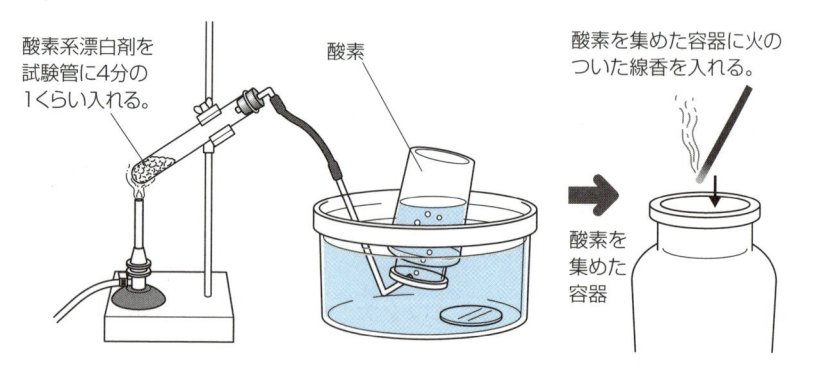

酸素系漂白剤を試験管に4分の1くらい入れる。

酸素

酸素を集めた容器に火のついた線香を入れる。

酸素を集めた容器

　酸素は，空気中で体積にして約 20 % をしめています。酸素は，無色無臭で空気より少し重い気体です。他の物質と反応しやすい性質をもってい

て，生物の呼吸や物質の燃焼に不可欠の気体です。燃える物質は，酸素中では激しく燃えます。

気体の中に酸素がたくさんふくまれているかどうかは，線香の火を気体の中へ入れることで調べることができます。酸素がたくさんふくまれているときには，線香が炎を上げて燃えます。

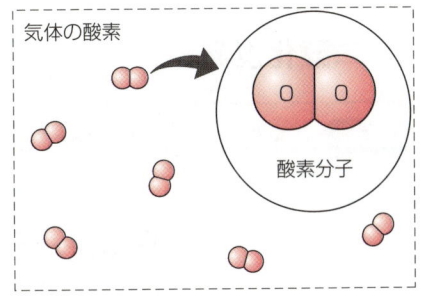

図2　酸素の分子

酸素は，ほんのわずかだけですが，水に溶けます。ですから，水中で魚などの生物が生活できるのです。

酸素を沸点以下に冷やすとあわい青色の液体（液体酸素）になります。さらに融点以下に冷やすとあわい青色の固体（固体酸素）になります。液体酸素や固体酸素は強力な磁石にくっつきます。

工業的には空気を冷やして液体空気にし，沸点の差を利用して酸素と窒素に分けることで，酸素を取り出しています。酸素は，酸素吸入などの医療用や，他のガスと混合して燃焼させ，出てきた高温の炎で鉄板を切断したりする工業用に利用されています。

実験室では，うすい過酸化水素水と二酸化マンガンを混ぜて発生させます。酸素は，水にわずかしか溶けないので，水上置換（水と置きかえて集める）という方法で集めます。

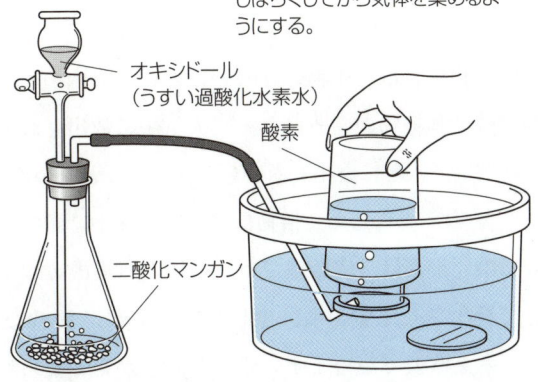

図3　オキシドールを使った酸素のつくり方と集め方（水上置換）

5. 二酸化炭素

実験 ドライアイスを調べてみよう

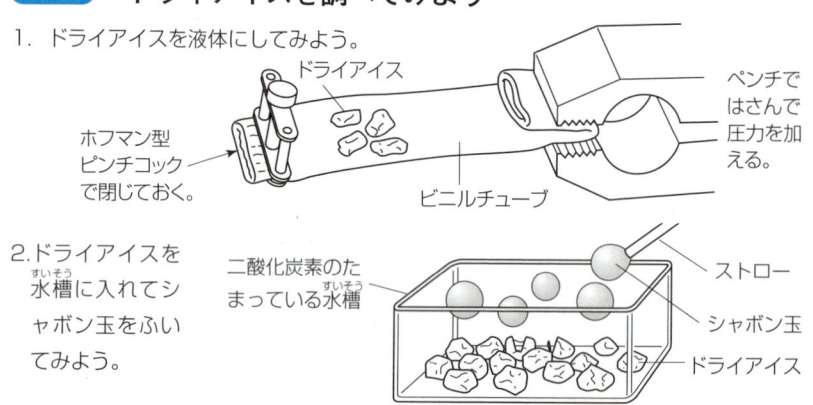

1. ドライアイスを液体にしてみよう。

2. ドライアイスを水槽に入れてシャボン玉をふいてみよう。

　二酸化炭素は，無色無臭で，空気より重い気体です。ドライアイスは固体の二酸化炭素です。二酸化炭素は，水に少し溶けます。溶けると，その水溶液は弱い酸性を示します。炭酸ができるからです。また，石灰水に通すと白くにごります。

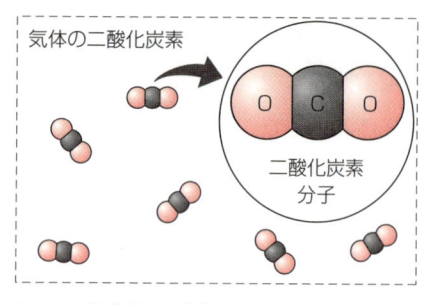

図4　二酸化炭素の分子

　二酸化炭素は，生物の呼吸のほかに，火山の噴火，石油，石炭，木材などの燃焼や動植物の腐敗によって大気中に放出されています。

　植物は，水と二酸化炭素からデンプンなどをつくって成長します（「生物編」P.37参照）。そのため，植物は昼間に二酸化炭素を大気中から吸収しています。

　二酸化炭素は，実験室では，石灰石（炭酸カルシウム）にうすい塩酸を加えて発生させます。水に少し溶けますが，純粋な二酸化炭素を集めたければ，水上置換で集めます。空気と置きかえて集める場合は，空気より重いので，下方置換という方法で集めます。

図5 石灰石とうすい塩酸による二酸化炭素のつくり方と集め方（下方置換と水上置換）

6. 水素

実験 水素を調べてみよう

1. 気体入りシャボン玉をとばしてみよう。

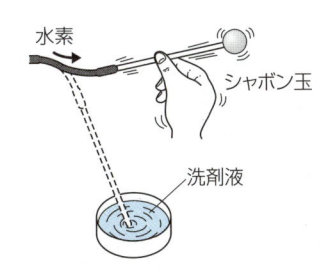

亜鉛とうすい塩酸を使って，水素を発生させる（図7参照）。発生した水素をガラス管の先から出るようにし，うすめた洗剤液につけてからはなす。シャボン玉がある程度ふくらんだら，先をふってガラス管からはなしてみる。すると，シャボン玉はすーっと上がっていく。
　同じことを二酸化炭素で試してみる。二酸化炭素入りのシャボン玉は，必ず下に落ちていく。

2. 水素を燃やしたり，爆発させてみよう。

✕ 危険 水素は必ず試験管にとり，発生装置からじゅうぶんはなれたところで火をつける。絶対に，フラスコなど口のせばまった容器を使ってはいけない。

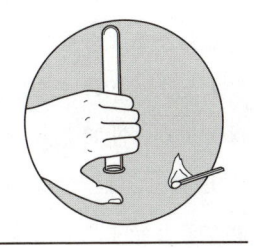

　水素は，無色無臭で，気体の中で最も軽い気体です。水にはわずかしか溶けません。

　また，水素は，燃える気体です。燃えると水ができます。水素と酸素（空気）を混ぜたものに火をつけると爆発します。

実験室では，亜鉛（または鉄，マグネシウム）にうすい塩酸（またはうすい硫酸）を加えて発生させます。水に溶けにくいので，水上置換で集めます。

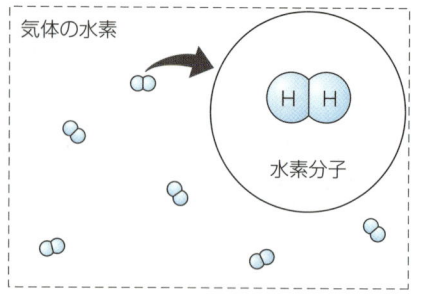

図6　水素の分子

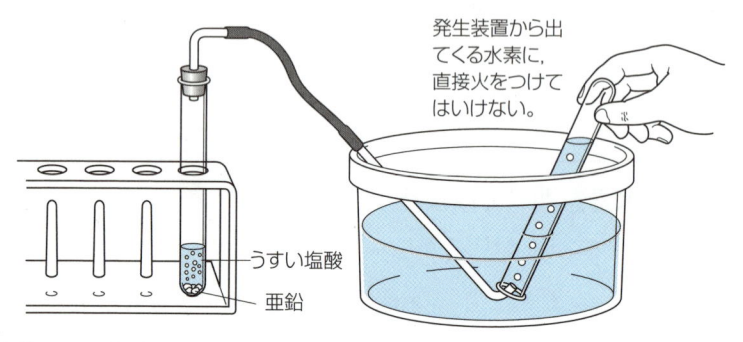

図7　亜鉛とうすい塩酸による水素のつくり方と集め方（水上置換）

7. アンモニア

アンモニアは，無色で刺激臭のある，空気より軽い気体です。水に大変よく溶けます。その水溶液はアルカリ性です。

実験室では，アンモニア水を加熱すると発生させることができます。また，塩化アンモニウムに水酸化カルシウムを混ぜて加熱したり，あるいは塩化アンモニウムに水酸化ナトリウムと水を混ぜたりしても，アンモニアを発生させることができます。水に溶けやすく，空気より軽いので上方置換で集めます。

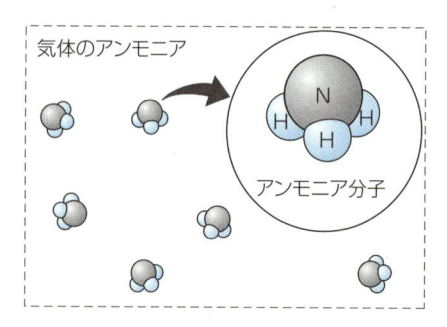

図8　アンモニアの分子

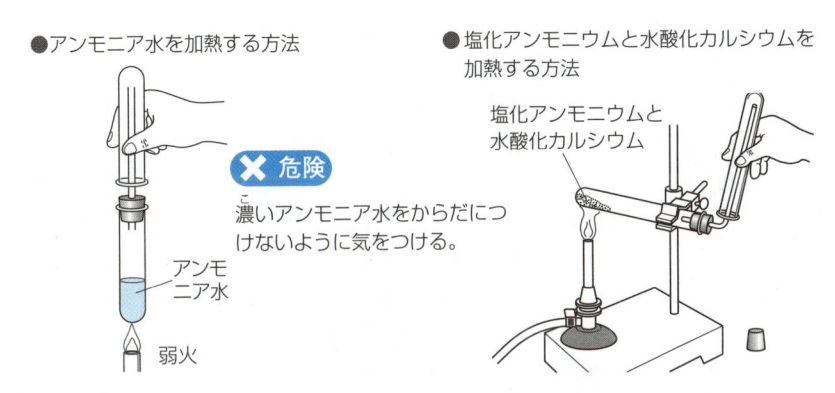

●アンモニア水を加熱する方法　　●塩化アンモニウムと水酸化カルシウムを加熱する方法

✖ 危険
濃いアンモニア水をからだにつけないように気をつける。

アンモニア水
弱火

塩化アンモニウムと水酸化カルシウム

図9　アンモニアのつくり方と集め方（上方置換）

実験　アンモニア噴水

アンモニアの性質を使用して，図10のような実験装置で噴水をつくってみよう。

さて，アンモニア噴水はどのようにして起こるのでしょうか。

アンモニアでいっぱいのフラスコ内に少量の水を入れると，その水にアンモニアが溶けるので，フラスコの中のアンモニアの圧力が小さくなります。すると，大気圧におされて下から水がフラスコ内に入ってきます。水にフェノールフタレイン溶液を加えておくと，アンモニアが水に溶けてアルカリ性になるため赤く着色します。

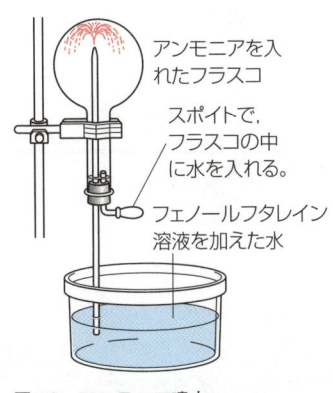

アンモニアを入れたフラスコ
スポイトで，フラスコの中に水を入れる。
フェノールフタレイン溶液を加えた水

図10　アンモニア噴水

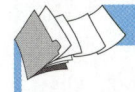

科学コラム

二酸化炭素の酸性，アンモニアのアルカリ性

気体のところでみたように，二酸化炭素（化学式 CO_2）の水溶液は酸性，アンモニア（同 NH_3）の水溶液，すなわちアンモニア水はアリカリ性です。二酸

化炭素にはHがなく,アンモニアにはOHがないのに,どうして酸性やアルカリ性を示すことができるのでしょうか。

　これは,これらの気体の溶解度が大きいこととも関係しています。これらの気体を水とともにペットボトルに入れ,せんをしてよく振ると,ペットボトルはつぶれてしまうでしょう。二酸化炭素はだいたい同体積の水があればすべて溶けきってしまいます。アンモニアではさらに少ない量の水で十分です。二酸化炭素やアンモニアが水に溶けるということと,砂糖のような分子が水に溶けることとは,少し事情が違います。二酸化炭素やアンモニアは溶媒である水に単純に溶けるだけでなく,水との間で強い作用を及ぼし合うと考えられます。

　その結果,図のように水の中の二酸化炭素分子は一部が溶媒である水分子と結びついて炭酸(化学式 H_2CO_3)となります。この物質は,Hを2個もつ酸と見なすことができます。アンモニア水では,同様に一部のアンモニア分子と溶媒の水分子との相互作用で水酸化アンモニウム(化学式 NH_4OH)ができていると考えると,OHを1個持つアルカリとみることができるでしょう。

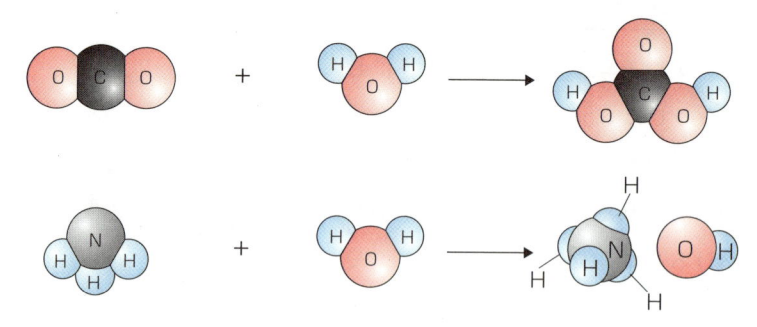

　水酸化ナトリウムや水酸化アンモニウムの化学式の中に見られるOHは,6章で詳しく触れますが,イオン性のOHです。アルコール分子や砂糖分子の中にもOHがあるのですが,これらの水溶液はアルカリ性にはなりません。中性です。実は,酢酸(お酢の酸味成分)も,分子の中にOHを持ちますが,その名のとおり,酸性を示す有機物ですね。分子の一部として結合しているOHは,水分子の中にも見ることができます。水の分子モデルは H－O－H でした。H－O－ とも －O－H ともみることができるでしょう。アルコール,砂糖,酢酸,水などの分子中のOHは,アルカリ性を示すことはないのですが,OHという同じ構造どうしは,互いになじみやすい(親和性が高いといいます)ので,よく混じり合います。ですから,一般にOHをもつ物質は,有機物であっても水に溶けやすいといえます。もちろん,それらはアルコールにもよく溶けます。

> 上述のように炭酸の形になった二酸化炭素や，水酸化アンモニウムの形をとるアンモニアでは，やはり溶質分子と水分子との同様な作用があるため，きわめて水になじみやすくなり，気体の中では溶解度が大きくなります。窒素，酸素などの一般の気体分子には，このような水分子との間の強い相互作用がなく，ほとんど水に溶けないのです。

8. 危険な気体を知っておこう

●塩素　「おふろ場でそうじ中の主婦が死亡」という事故がありました。これは，各種の洗剤，洗浄剤をいっしょに使ったため，有毒な塩素ガス（黄緑色で刺激臭）が発生したからです。空気中にわずか0.003％〜0.006％でもあると鼻，のどの粘膜をおかし，それ以上の濃度になると血をはいたり，最悪のときには死んでしまいます。

　塩素系の漂白剤やカビ取り剤は，次亜塩素酸ナトリウムが多くふくまれています。これに塩酸やクエン酸，リンゴ酸などをふくんだ酸性の洗剤が混ざると，塩素が発生するのです。注意しましょう。

●二酸化硫黄　別名亜硫酸ガスといわれ，硫黄を燃やすとでき，無色で刺激臭のある気体です。大気汚染の原因になっています。

　硫黄を酸素中で燃やすと青色の神秘的な炎を上げて燃えます。そのとき，この二酸化硫黄ができます。

●窒素酸化物（二酸化窒素など）　大気中にたくさんある窒素は，普通，他の物質と反応しにくい性質をもっています。しかし，高温では酸素と結びついて一酸化窒素や二酸化窒素などの窒素酸化物をつくります。

　窒素酸化物は人間に有害で，わが国の大気汚染のいちばんの原因になっています。自動車の排ガスなどにふくまれています。

●一酸化炭素　炭素をふくむ物質が不完全燃焼するときに発生する気体です。普通に物を燃やせば出ると考えてよいでしょう。

　無色無臭ですから気がつかないうちにおそろしい中毒になってしまう可

能性があります。なにしろ血液中で酸素を運ぶヘモグロビンにくっついて，ヘモグロビンが酸素を運ぶのをじゃまするのです。空気中に 0.03 ％以上の量があると頭痛やはき気が起こり，0.15 ％以上の量になると，すぐに生命が危険になります。ガスや灯油のストーブ，湯わかし器，ふろがまなどの使用にあたっては，換気や排気に注意が必要です。

　換気が悪い車庫でエンジンをかけたために排ガス中の一酸化炭素で中毒死したり，ふろの湯わかし器のえんとつに鳥が巣をつくっていたので，排気がうまくいかず一酸化炭素中毒で死亡したりという事故が起こっています。

● 硫化水素　無色で刺激臭のある気体で，かたゆで卵のにおいがします。火山や温泉地帯で発生することが多い気体です。スキーヤーがそういった場所にまちがって入りこんでしまい，中毒になった事故があります。

　実験室では，硫化鉄にうすい塩酸を加えて発生させます。

● オゾン　酸素と同じように酸素原子 O からなる気体です。酸素分子が酸素原子 2 個からなっているのに対し，オゾンは 3 個の酸素原子が折れ線形に連なっています（P.205 の図 3）。独特の臭気を持つわずかに青みがかった気体で，紫外線ランプやコピー機の周囲で感じられるような特有のにおいがします。毒性が強く，濃いものは呼吸器を冒します。微量でも長時間吸入すると危険な気体です。金属をさびさせる作用も強く，普通ではさびない銀をも過酸化銀という物質に変えてしまいます。また，有機色素を脱色したり，有機物を分解する働きもあります。それらの性質を利用して，消毒，漂白などの目的で使われています。

9. 気体の性質とその集め方

　気体の性質を知って，その気体に適した集め方をしなければなりません。まず，気体が水に溶けやすいか，溶けにくいかを考えましょう。次に，水に溶けやすい気体の場合には，気体の密度が空気よりも大きいか小さいかを考えましょう。

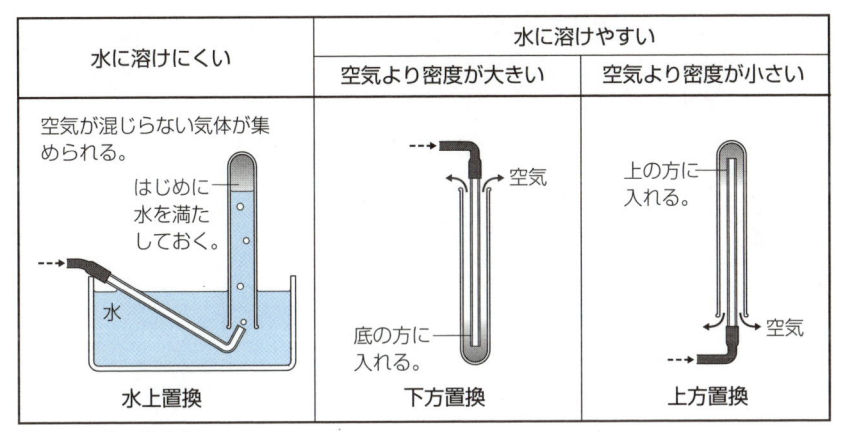

水に溶けにくい	水に溶けやすい	
	空気より密度が大きい	空気より密度が小さい
空気が混じらない気体が集められる。はじめに水を満たしておく。水上置換	空気／底の方に入れる。下方置換	上の方に入れる。／空気／上方置換

図11 気体の集め方

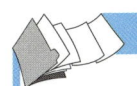

科学コラム

アルゴンの発見

　空気が窒素と酸素の混合物であることは1780年ごろにははっきりしていました。それから約100年たってからの話です。

　ラムゼーとレーリーという2人の科学者が，空気からあらかじめ酸素を除いて窒素だけにしたつもりの気体から，ある手段で窒素を除去したのですが，どうしても除去できない気体が残ってしまいました。いろいろな物質に結びつけようと努力したのですが，全然結びつかない気体だったのです。

　この気体こそが，19世紀末に見つかったアルゴン（語源は"なまけ者"という意味の言葉）でした。ほかの物質と反応しないから，そのような名前がつけられました。

　その後，いろいろな物質といくら結びつけようとしても全然結びつかない気体が，ほかにもいくつか発見されました。ヘリウム，ネオン，キセノンです。

　ヘリウム，ネオン，アルゴン，キセノンは，周期表のいちばん右の縦の列に並んでいます。これらの原子は，ほかの原子とほとんど結びつかず，一個一個の原子で存在しています。水素の分子は水素原子が2個，酸素の分子は酸素原子が2個，二酸化炭素の分子は炭素原子1個と酸素原子2個が結びついていました。しかし，ヘリウム，ネオン，アルゴン，キセノンは，1個の原子からできた気体なのです。このような気体を単原子分子気体といいます。これに対して，水素，酸素，二酸化炭素などの気体は，多原子分子気体といいます。

> ヘリウムは冷却装置や気球用ガスに，アルゴンは白熱電球内の充てんガスに，ネオンはネオンサインをつくる電球の中に，キセノンはキセノンランプに利用されています。

問題 次の気体は，どの方法で集めたらよいでしょうか。

　　　酸素　　　水素　　　二酸化炭素　　　アンモニア

第3章 溶解と水溶液

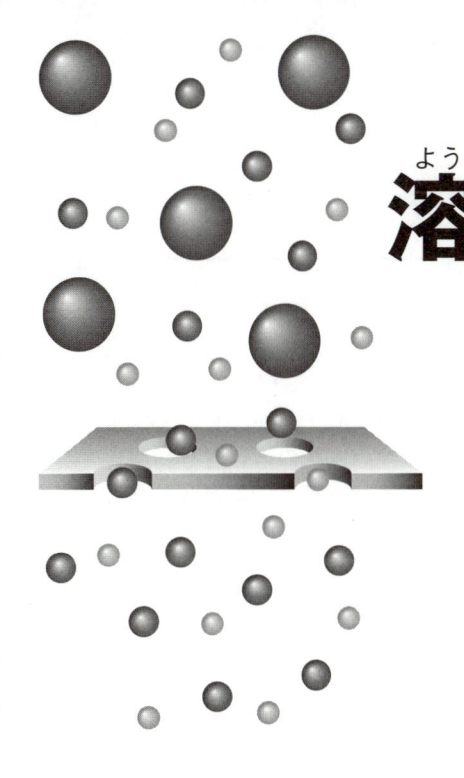

本章の主な内容

第1節　水に溶けた物質はどうなっているか
　　　　　物質が水に溶けるとはどのようなことか
　　　　　水溶液とはなにか
　　　　　水溶液の濃度
　　　　　物質はどれだけ溶けるのか―溶解度―

第2節　物質を分ける方法
　　　　　純物質と混合物
　　　　　物質を水に溶ける溶けないで分ける―ろ過・蒸発乾固―
　　　　　物質を溶解度のちがいで分ける―再結晶―

第3章 溶解と水溶液

水にはいろいろな物質を溶かすという性質があります。その結果，私たちのまわりには水になにかが溶けた液体がいろいろあります。

どんなときに水に溶けたといえるのでしょうか。また，水溶液にはどんな性質があるでしょうか。水への溶け方を利用して，混ざり合ったものから目的の物質を得るにはどうしたらよいでしょうか。

第1節　水に溶けた物質はどうなっているか

1. 物質が水に溶けるとはどのようなことか

実験　角砂糖が水に溶ける様子を調べよう

① 水50gをビーカーにとり，10gの角砂糖を静かに入れて，溶けていく様子を観察しよう。
② 溶ける前と後で質量が変化しているか調べよう。

　砂糖は，水の中に入れると溶けて透明になり，見えなくなります。このとき，砂糖はどうなってしまったのでしょうか。

　実験の①では水が角砂糖の内部に入りこんで，1粒1粒を表面からくずしていく様子がわかります。さらに，砂糖の粒はもやもやした糸を引くようにして透明になっていきます。このもやもやしたもの（濃い部分）がビーカーの底のほうにたまりますが，数日そのままの状態に放置しておくと，もやもやした部分はなくなり，水と変わらなくなります。

　また，②では砂糖が溶けても全体の質量は変わらず，ちょうど60g，つまり水の質量と砂糖の質量を加えた質量になります。このことから，砂糖が水に溶けて透明になり見えなくなっても，砂糖自体はなくなったりしないことがわかります。

第1節　水に溶けた物質はどうなっているか

　それでは，水に溶けた砂糖はどうなってしまったのでしょうか。

　水も砂糖も分子でできています。砂糖の分子1個1個はとても小さくて目には見えませんが，私たちが見ている角砂糖は，ばく大な数の砂糖の分子が集まり結びついているものなのです。角砂糖を水の中に入れると，水が砂糖の粒と粒の間に入りこみ，角砂糖はどんどん細かくなって，顕微鏡でも見えない小さい分子にまでばらばらにされるので，砂糖の存在は見えなくなります。だから，透明になるわけです。このように，物質が目に見えない小さい粒子（分子など）になって，液体の中に散らばってしまうことを**溶解**といいます。

　砂糖が水に溶けるのは，水の分子のはたらきで，砂糖の分子の結びつきが切られて分子1個ずつばらばらの状態になるからです。

　この状態では，水分子も砂糖分子も動き回り，一様に広がってお互いに混ざり合ったままとなっていて，時間がたっても砂糖が底のほうにたまったり濃くなったりすることはありません。

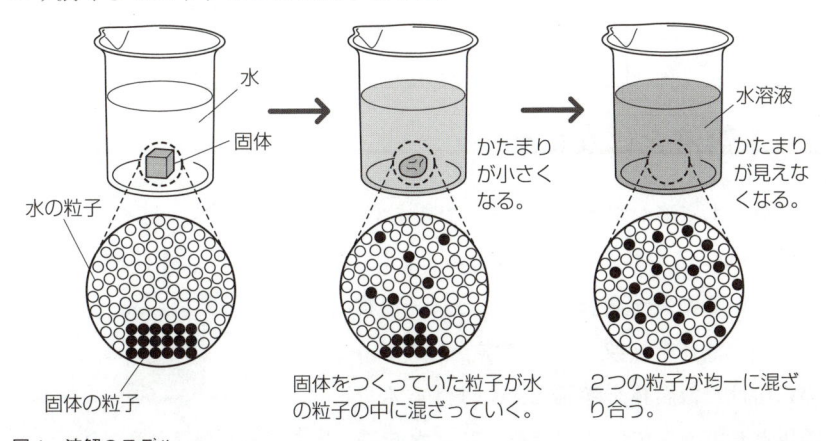

図1　溶解のモデル

実験　水に物質が溶ける様子を観察しよう

① 水の中に食塩やコーヒーシュガーやデンプンを入れて，溶けていく様子を観察しよう。しばらくたっても溶けない，または溶け残りがある場合は，ガラス棒でよくかき混ぜる。

② ①の上澄み液を1滴スライドガラスにとり，乾燥させてルーペで観察する。

デンプンを入れたものでは，透明な上澄み液から水を蒸発させてもなにも残らないので，溶けてはいなかったことがわかります。

食塩とコーヒーシュガーを入れたものでは，透明な上澄み液から水を蒸発させると，どちらも溶けていたものが現れました。

この結果から，色がついていても透明（向こうが透けて見える）ならば物質は水に溶けているといえます。色がついていない透明を**無色透明**，色がついている透明を**有色透明**といいます。水に物質を入れて，固体の形が見えなくなり，無色透明か有色透明になれば，その物質は水に「溶けた」といえます。

表1　実験結果

	食塩	コーヒーシュガー	デンプン
①水に溶かす	溶けたが一部溶け残りがある。	溶けたが液は茶色で透明である。	白く濁る。しばらくすると沈殿する。
②上澄み液から水を蒸発させる	白いものが出てきた。	茶色にこげたものが出てきた。	なにも出てこない。

2. 水溶液とはなにか

砂糖を水に溶かすと，砂糖水ができます。砂糖を水に溶かした場合，砂糖のように，溶けている物質を**溶質**，水のように，溶質を溶かす液体を**溶媒**といいます。溶質が溶媒に溶けた液全体を**溶液**といいます。水を溶媒として使っている溶液を，特に**水溶液**といいます。また，エタノールを溶媒として使っている溶液は，エタノール溶液といいます。砂糖水は砂糖水溶液のことです。

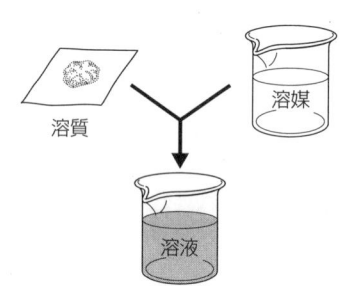

図2　溶質・溶媒・溶液

それでは，ここまで学習してきた水溶液の特ちょうをまとめると，

※1　透明でも有色透明で色が濃い場合は，向こう側が透けて見えないことがある。
　　　その場合は，容器の反対側からライトで照らすとよい。

- 水溶液は透明（向こうが透けて見える）である。
  （無色透明だけではなく有色透明の水溶液もある。）
- 物質が水に溶けて水溶液になっても質量は保存されている。
  （溶質＋水〈溶媒〉の質量は水溶液の質量である。）
- 水溶液では，溶質は均一に溶けている。
  （どこをとっても同じ濃さである。）

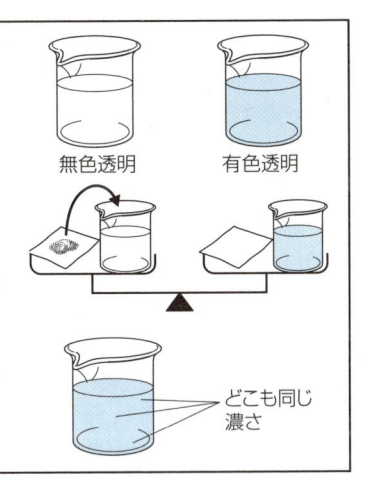

図3　水溶液の特ちょう

　砂糖のような固体の物質ではなく，気体の物質が溶けている水溶液もあります。例えば，炭酸飲料水を激しくふると，液体の中から気体が発生します。この気体は二酸化炭素です。つまり，二酸化炭素が水に溶けて炭酸水になります。気体のアンモニアは水によく溶け，アンモニア水になります。アンモニア水がアンモニアのにおいをもっているのは，アンモニア水から気体のアンモニアが出ているためです。

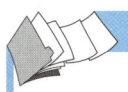

科学コラム

コロイド溶液

　砂糖や食塩を水に溶かしたときは，溶液は完全に透明になります。しかしデンプンを温水に溶かしたものや，牛乳やスポーツドリンクなど，透明ではないけれど，しばらく放置しても沈殿ができず，どこも一様な濃さになっている液体もあります。これらも広い意味で溶液といっていいでしょう。

　これらの溶液では，砂糖水溶液などとはちがった性質が見られます。例えば，砂糖水溶液とデンプン溶液に，レーザー光線（例えば講演などでよく使用されるレーザーポインターから出る光など）のような強い光を当て，

デンプン溶液にレーザー光を当てたとき

横から見ると、砂糖水溶液ではなにも見えませんが、デンプン溶液では光の通路がくっきり見えます。この現象を、チンダル現象といいます。

砂糖水溶液では、溶質の粒子（散らばっている分子など）が非常に小さいのに対し、デンプン溶液では、砂糖水溶液の溶質粒子よりもずっと大きい粒子が散らばっていて、その粒子が光を散乱するからです。

デンプン溶液などのチンダル現象を示す溶液に散らばっている粒子のことを、コロイド粒子といいます。

溶けて透明になる普通の溶液の溶質粒子1個には、多くても1000個程度の原子しかふくまれていませんが、コロイド粒子1個には、原子が1000〜1000000000個ふくまれています。デンプン溶液のようにコロイド粒子が分散している溶液をコロイド溶液といいます。

自然界や身のまわりには、コロイド溶液がたくさんあります。生物の体液、石けん水、牛乳、墨汁、コーヒー、ジュースなどです。

コロイド粒子が密集したり、網目状につながって、そのすき間に水をふくんでいるものがあります。それらは流れる性質を失って固体のようになっています。これをゲルといいます。豆腐、ゼリー、寒天、こんにゃくなどです。

3. 水溶液の濃度

問い 水100gに砂糖25gを溶かした砂糖水Aと、水420gに砂糖80gを溶かした砂糖水Bとでは、どちらが濃いでしょうか。

物質を水に溶かしたとき、その濃さ（濃度）は溶けている物質の質量によって変わってきます。そこで水溶液の濃さ（濃度）を表すのに質量パーセント濃度がよく用いられます。[※1] 単位はパーセント（記号：％）です。水溶液全体の質量を100としたとき、そこに溶けている溶質の質量を表すので質量パーセントといいます。

$$\text{質量パーセント濃度} = \frac{\text{溶質の質量}}{\text{溶液の質量}} \times 100\%$$

$$= \frac{\text{溶質の質量}}{\text{溶媒の質量} + \text{溶質の質量}} \times 100\%$$

※1 塩酸の試薬ビンのラベルに「塩化水素……35.0％」とかいてあるが、これは塩化水素という気体が質量パーセントで35.0％ふくまれているという意味である。濃度の表し方はほかにもいくつかある。

第1節　水に溶けた物質はどうなっているか　*87*

問い

上の問いの砂糖水AとBそれぞれの質量パーセント濃度を計算して、どちらが濃い水溶液か考えてみましょう。

【考え方】

砂糖水Aの質量パーセント濃度 = 25g ÷ (100 + 25) g × 100 % = 20 %

砂糖水Bの質量パーセント濃度 = 80g ÷ (420 + 80) g × 100 % = 16 %

よって、砂糖水Aのほうが濃いことがわかる。

問題

1. 水Agに砂糖Bgを溶かして10%の砂糖水を100gつくりたいとします。A, Bにあてはまる数字を求めてみましょう。
2. 20%の砂糖水100gと16%の砂糖水300gを混ぜると、何%の砂糖水になるでしょうか。

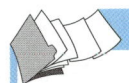

科学コラム

ppmという濃度

全体を100としたとき、その中でどのくらいの割合をしめるかが%（パーセント）でした。%と同じように、科学の世界で用いられる濃度の単位にppm（ピーピーエム）があります。ppmは、part(s)（一部分） per（〜に対して、割る） million（100万）の略で、全体を100万としたときの割合（100万分率）を表す単位です。1ppmとは、1000gの物質の中に、1mg（1000分の1g）のものがふくまれているという意味です。%を用いて1ppmを表すと、0.0001%になります。例えば、海水の平均塩分濃度3.3%をppm単位で表すと、33000ppmになります。

ppmは、例えば、微量でも環境に影響をあたえる物質が水や空気の中にどれくらいふくまれるかを表すときに使われます。

10%の食紅溶液をつくって、それを1滴とってから水を9滴たらすと1%溶液になります（10倍にうすまりました）。さらに同じやり方で10倍ずつ4回うすめていくと0.0001%、つまり1ppmになります。もう肉眼ではほとんど食紅の赤色は見えませんが、機械を使えば検出できる限界の濃度です。つまり、色は見えなくても食紅は1ppmふくまれていることがわかり、濃度として表すことができるのです。

最近は大変小さな濃度を表すことも必要になっています。ppbは10億分の1、pptは1兆分の1、ppqは1000兆分の1になります。

4. 物質はどれだけ溶けるのか―溶解度―

> **問い** 水酸化カルシウムという白い粉末状の物質があります。ビーカーに水を入れ，水酸化カルシウムを薬さじ1杯加えて溶かしてみると，液は白くにごり，かき混ぜるのをやめてしばらく置いておくと下にたまってきます。
> この上部の透明な水（上澄み液）には水酸化カルシウムは溶けていないのでしょうか。どのように確かめればいいでしょうか。

この実験で，上澄み液を薬さじに取り，加熱して水分を蒸発させると，うっすらと白い粉が薬さじの表面に残りました。この粉は水酸化カルシウムです。透明な部分にも水酸化カルシウムは溶けていたのです。このことは，透明な上澄み液に二酸化炭素（または息）[※1]をふきこんでみると，白くにごることでも確かめられます。

水酸化カルシウムは水100g中に0.1gほどしか溶けないので，水に溶けにくい物質といえます。それに対して食塩は水100gに35g溶けるので，食塩は水に溶けやすい物質です。このように物質によって溶ける量には決まった限度があるのです。この限度のことを**溶解度**といい，通常水100gに固体物質が何gまで溶けることができるかで表します。

溶媒がアルコールなど水以外の場合は，その溶媒100gあたりに溶ける量で表します。

物質がそれ以上溶けなくなった溶液，溶解度いっぱいまで物質を溶かした溶液を**飽和溶液**といいます。

実験　溶解度曲線をつくろう

5gの水に硝酸カリウムがちょうど2g，4g，…溶けるときの温度を調べよう。

① 数本の試験管に硝酸カリウムを2g，4g，…と，それぞれ質量を変えて入れ，さらに水を5gずつ加えたものを用意する。かき混ぜても硝酸カリウムが水に溶けないときは加熱する。

② いったん溶けたらゆっくり空気中で冷却し，固体が再び出てきた（析出した）温度をはかる（溶けたときと固体が析出したときの温度は同じ）。

※1　あやまって水酸化カルシウム水溶液を吸いこまないように注意する。

③水100g当たりに溶けた質量を計算し、溶解度を求める。
④温度と溶解度の関係をグラフにかきこみ、なめらかな曲線でつないでみよう。

水100gに溶けた質量と溶けたときの温度をグラフにしたものを**溶解度曲線**といいます。

溶解度を調べてみると、物質によってちがいがあることがわかります。また同じ物質でも温度によって溶解度が変わります。温度が上がるにつれ溶解度は、食塩ではほんのわずかに増加し、硝酸カリウムでは大きく増加します。一般に、固体の溶解度は水の温度が上がるにつれて大きくなります。

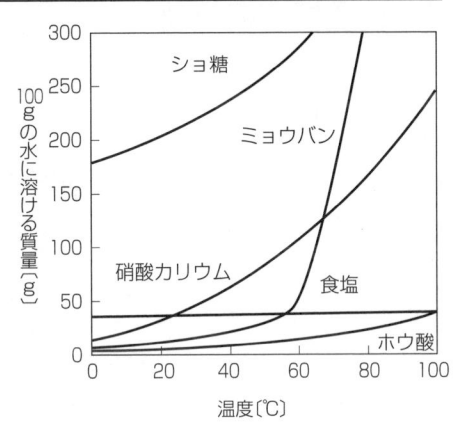

図4 溶解度曲線

【気体の水への溶解度】 固体だけでなく、気体の水への溶解度も、物質によってちがいがあります。

また、気体の水への溶解度は、温度によっても変わります。よく冷えた炭酸飲料水と、ぬるくなった炭酸飲料水とでは、よく冷えているほうがたくさんの二酸化炭素が溶けています。気体では、温度が低いほど水に溶ける量が多くなります。また、気体では圧力をかけると溶ける量が増します。炭酸飲料水は水に糖分・香料・着色料などを加えてつくった液に、高圧で二酸化炭素をふきこんで栓をして製品としています。

表2 気体の水への溶解度（1 cm³に溶ける気体の体積〔単位：cm³〕。ただし0℃、大気圧のときの体積を示した。）

気体	0℃	20℃	40℃	60℃	80℃
アンモニア	1176	702			
塩化水素	507	442	386	339	
塩素	4.61	2.30	1.44	1.02	0.68
酸素	0.049	0.031	0.023	0.019	0.018
水素	0.022	0.018	0.016	0.016	0.016
二酸化炭素	1.71	0.88	0.53	0.36	
窒素	0.024	0.016	0.012	0.010	0.0096

第2節　物質を分ける方法

1. 純物質と混合物

　海水は，無色透明で一様に見えますが，図1に示すように食塩（塩化ナトリウム）をはじめ，いろいろな物質が水に溶けこんで混じり合っています。空気も，窒素や酸素などが混じり合った気体です。私たちの身のまわりにある物質のほとんどは海水や空気のようにいろいろな物質が混じり合ってできています。

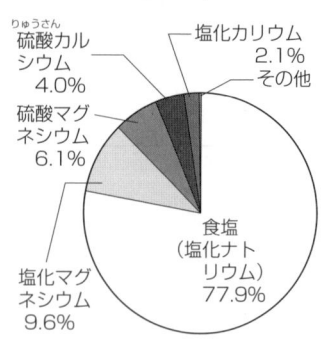

図1　海水中の水以外の物質　海水100g中に約3.5gの物質がふくまれている。その成分を質量の割合で示した。
（食塩（塩化ナトリウム）77.9%，塩化マグネシウム9.6%，硫酸マグネシウム6.1%，硫酸カルシウム4.0%，塩化カリウム2.1%，その他）
『塩とたばこの博物館（ガイドブック）』

　このような，2種類以上の物質が混じり合った物質を**混合物**といいます。これに対し，純粋な水や塩化ナトリウムは，ほかの物質が混ざっていません。このように，1種類の物質でできている物質を**純物質**といいます。

　科学者が物質の性質を調べるときには普通，純物質について実験をしていきます。混合物の性質は純物質の性質からある程度予測することができるからです。また，混合物は混じり合っている物質の割合によって性質が変わってしまうので，実験をする人によって混ぜ合わせる割合がちがうと実験の結果もちがってくるため，純物質を使って実験をします。私たちも，物質の性質を調べるために，まず混合物から純物質を取り出す必要があります。また，これから学習する混合物から純物質を取り出す方法は，海水から食塩を取り出すなど，生活の中でも利用されています。

（問題）次の物質を純物質と混合物に分けてみましょう。

　　　砂糖水　　　　銅　　　　エタノール
　　　炭酸飲料水　　二酸化炭素　しょう油

2. 物質を水に溶ける溶けないで分ける—ろ過・蒸発乾固—

　土をふるいにかけると，小石と細かい砂に分けることができます。しかし，食塩とデンプンの混合物の場合，粒の大きさがほとんど同じくらい細

かいため，普通のふるいなどでは分けることができません。

実験　混合物から，食塩とデンプンを分けて取り出そう

① 食塩とデンプンの混合物を水に入れてかき混ぜる。しばらくたつと，食塩は水に溶けて見えなくなるが，デンプンは水に溶けずに容器の底にたまるように見える。

② 次に，①の液をろ過すると，ろ紙の上にデンプンだけが残り，ろ過された液体は無色透明な食塩水となる。

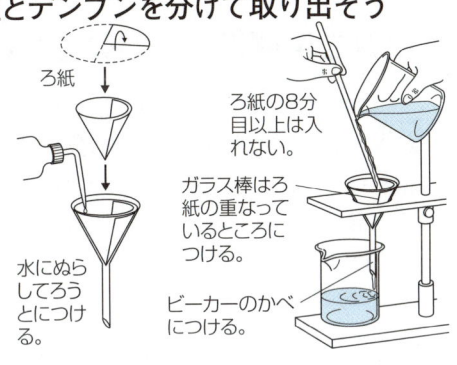

【ろ過】　ろ紙などを使って固体と液体を分ける操作をろ過といいます。ろ過をすると水に溶ける物質と溶けない物質の混合物を分けることができます。ろ紙には，目に見えない非常に小さなあながたくさんあいています。水や水に溶けている食塩は非常に小さい粒となっているため，ろ紙のあなを通ることができます。デンプンの粒は水や食塩の粒より大きく，ろ紙のあなを通ることができず，ろ紙の上に残ります。ろ紙のあながふるいの役目をして，水や食塩の粒とデンプンの粒を分けているのです。

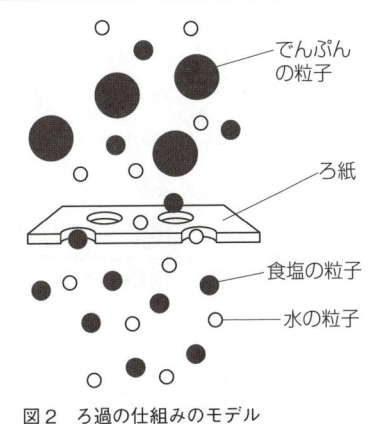

図2　ろ過の仕組みのモデル

【蒸発乾固】　溶解度の実験で，水酸化カルシウム水溶液から溶けていた水酸化カルシウムを取り出したように，水溶液から溶けている物質（溶質）を取り出すには，水溶液を蒸発皿や薬さじなどに入れ，ガスバーナーなどで加熱して水を蒸発させます。すると，蒸発皿や薬さじなどに，水に溶けていた物質が濃

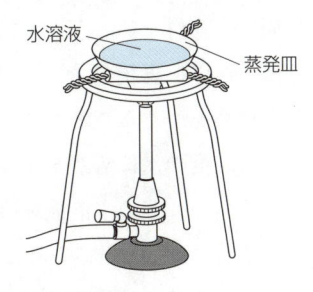

図3　蒸発乾固

縮され，ついには沈殿して残ります。**蒸発乾固**（じょうはつかんこ）は，加熱などによって，蒸発しやすい物質（溶媒）を完全に蒸発させてしまうことです。

3. 物質を溶解度のちがいで分ける──再結晶──

> **実験**　混合液から純粋な硝酸（しょうさん）カリウムを取り出そう
>
> 　硝酸カリウムと食塩はどちらも水に溶ける物質である。硝酸カリウムに少量の食塩が混ざっている混合物から，純粋な硝酸カリウムを分けて取り出すにはどうしたらいいだろうか。
> 　10gの硝酸カリウムに2gの食塩が混ざっている混合物から，純粋な硝酸カリウムを取り出してみよう。

　溶解度の実験では，硝酸カリウム水溶液の温度を低くすると，水溶液の中に硝酸カリウムの固体が出てきました。硝酸カリウムは，温度が高いと溶解度が大きく，たくさんの量が水に溶けます。ところが，水溶液の温度を低くすると溶解度が小さくなり，大量に溶けていた物質の一部が溶けきれなくなって出てくるのです。

　このようにして出てきた物質をろ過して取り出しルーペで観察すると，針状だったりいくつかの平面で囲まれた規則正しい形をしていることがわかります。このような規則正しい形をした物質を**結晶**（けっしょう）といいます。結晶の形は，物質の種類によって決まっています。

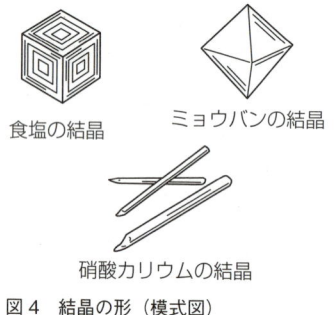

食塩の結晶　　ミョウバンの結晶

硝酸カリウムの結晶

図4　結晶の形（模式図）

　固体の物質をいったん水に溶かし，温度を下げたりして再び結晶として取り出す操作を**再結晶**（さいけっしょう）といいます。再結晶を利用すると，いろいろな物質の純粋な結晶をつくることができます。少量の食塩が混ざっている硝酸カリウムを高い温度の水に溶かすと，硝酸カリウムと食塩の両方がすべて水に溶けます。その後，その水溶液を冷やしていくと，溶けきれなくなった硝酸カリウムが結晶となって出てくることがわかります。

　水溶液を冷やすと硝酸カリウムは結晶として出てきたのに，食塩はなぜ

結晶として出てこないのでしょうか。それは、溶けている食塩が少量で、水の温度が変化しても、溶けたままでいたからです。

少量の食塩が混ざっている硝酸カリウムから純粋な硝酸カリウムを取り出したように、再結晶は、水に溶ける不純物が固体の物質に少し混ざっている場合、不純物を取り除いて純物質を取り出すよい方法です。

少量の食塩が混じった硝酸カリウム

温度を上げて、少量の食塩が混じった硝酸カリウムをすべて溶かす。

温度を下げると、溶けきらなくなった硝酸カリウムだけが出てくる。

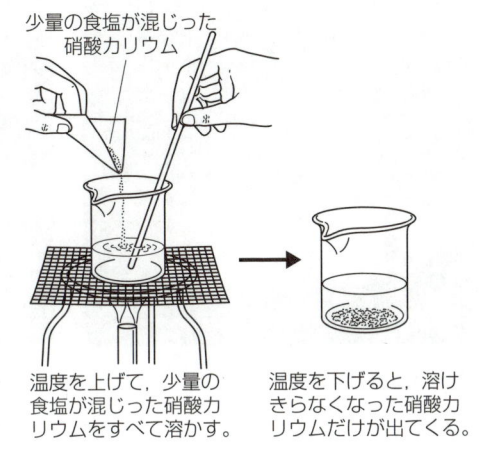

図5 硝酸カリウムを再結晶で取り出す

しかし、不純物の量が多い場合には、再結晶で得られた結晶にも不純物がわずかに混ざりこむので、純粋な結晶を得るには再結晶の操作を何回もくり返す必要があります。

トライ 再結晶でミョウバンの大きな結晶をつくってみよう

① 40℃の水にミョウバンを溶けるだけ溶かし、飽和水溶液をつくる。

② ミョウバンの小さな結晶（種結晶）を用意する。エナメル線の先を熱して、ミョウバンの種結晶につきさす。

③ ミョウバンの水溶液の温度が 35℃くらいになったら、種結晶をつり下げて一晩放置する。

④ 結晶が大きくなり、水溶液が冷えたら、結晶を取り出して別の飽和水溶液の中につり下げるとさらに大きな結晶が得られる。

◎ 時間をかけてゆっくり冷やすと大きな結晶ができる。自分たちでくふうしてみよう。

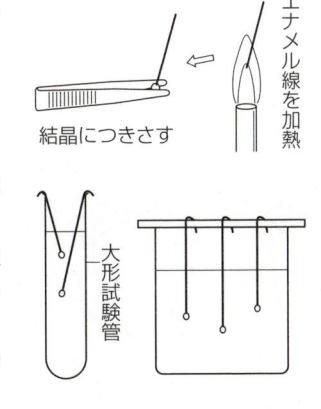

エナメル線を加熱

結晶につきさす

大形試験管

図6 大きな結晶

第4章

物質の分解と化学変化

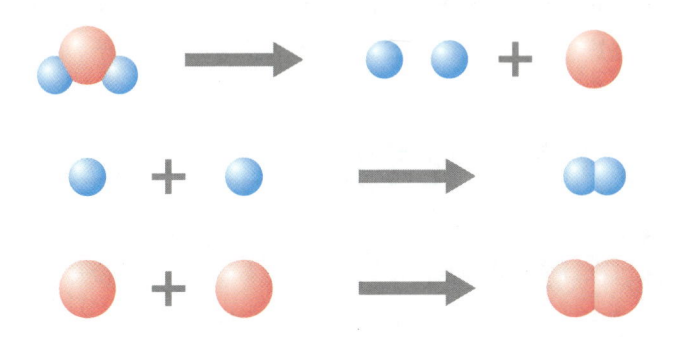

本章の主な内容

第1節　**化学変化とはなにか**
　　　　カルメ焼きはなぜふくらむのか
　　　　分解と化学変化

第2節　**物質はなにからできているのか**
　　　　物質はどこまで分解できるか
　　　　状態変化と化学変化のちがい
　　　　物質の分類

第4章 物質の分解と化学変化

　固体の物質を熱して液体，さらには気体になるような変化を状態変化といいました。しかし，物質の種類や熱し方によっては，こげたり，燃えだしたりする場合もあります。物質の変化には状態変化とは異なる，別の変化があるようです。それらの変化の様子を実験や観察によって調べるとともに，物質がどのように変化しているのかを原子や分子のレベルで考えていきましょう。

第1節　化学変化とはなにか

　水は状態変化によって固体・液体・気体に変化します。固体である氷を加熱すると，とけて液体の水になり，気体である水蒸気を冷却すると液体の水になります。このように，水が状態変化で固体・液体・気体と相互に変化できるのは，加熱や冷却によってほかの物質に変化してしまうことがないからです。もし，水そのものがほかの物質に変化しているのであれば，水蒸気や氷は，状態変化では液体の水にもどることができません。

> **問い**　物質の変化には，状態変化のほかにどのような変化があるのでしょうか。

1. カルメ焼きはなぜふくらむのか

　ポルトガルから日本に鉄ぽうが伝わったころ，いっしょにカルメ焼き（カルメラ焼き）という砂糖菓子が日本にやってきました。砂糖水を加熱して煮つめ，そこに重そうを加えて勢いよくかき混ぜると，ふっくらとふくらみます。これが冷えて固まったものがカルメ焼きです。

第1節　化学変化とはなにか

トライ　カルメ焼きをつくろう

砂糖と重そうでカルメ焼きをつくってみよう。

① グラニュー糖大さじ2はい（約25g）と，水大さじ1ぱいをお玉（直径が10cmくらいの大きなもの）にとり，温度計つきのかき混ぜ棒（右図参照）で，かき混ぜながら熱する。

② 105℃をこえたあたりから，火から遠ざけ，ゆっくり温度を上げるようにする。125℃になったら，すぐに火からおろし，お玉を机の上に置く。

③ 「重そう＋卵白＋砂糖」をクリーム状に練ったものを，小豆くらいの大きさにかき混ぜ棒で取り，お玉の底にかき混ぜ棒を強くおしつけるようにして，全体を10秒程度激しくかき混ぜてから，かき混ぜ棒をまん中からぬく。※2

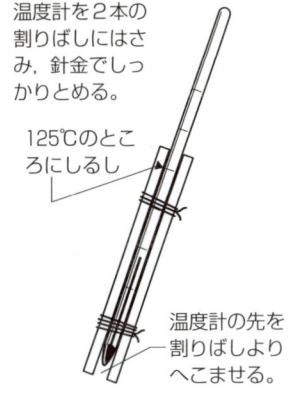

④ 固まったら，お玉の底全体を遠火で熱して，カルメ焼きとお玉のくっついている部分をとかす。紙の上にあけてできあがり。

温度計を2本の割りばしにはさみ，針金でしっかりとめる。
125℃のところにしるし
温度計の先を割りばしよりへこませる。
200℃温度計つきのかき混ぜ棒

カルメ焼きを割ってみると，内側はあなだらけになっています。どうしてあながあいたり，ふくらんだりするのでしょう。

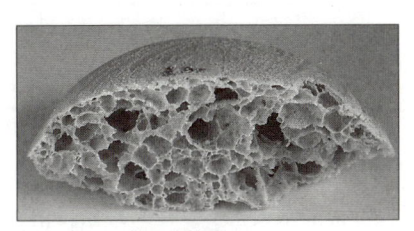

図1　カルメ焼きの断面

カルメ焼きの材料の重そうには炭酸水素ナトリウムという物質がふくまれています。炭酸水素ナトリウムが加熱により変化したため，カルメ焼きがふくらんだのです。それでは，炭酸水素ナトリウムは加熱によってどのように変化するのでしょうか。

炭酸水素ナトリウムを加熱して変化させ，カルメ焼きがふくらむ理由を調べましょう。

※1　卵白小さじ1ぱいに少量ずつ重そうを加えてよく混ぜ，全体が耳たぶくらいのかたさになるようにする。最後に砂糖をひとつまみ加えてよく混ぜる。
※2　激しくかき混ぜていると粘りが強くなり，お玉の底が見えてくるようになる。そこでタイミングよくかき混ぜ棒を抜く。

実 験　炭酸水素ナトリウムを加熱してみよう

①試験管Aに少量の炭酸水素ナトリウムを入れ，図のように加熱して出てくる気体を集める。集めた気体に火を近づけたり，試験管Bに石灰水を入れてふったりしてみよう。

②加熱を終えたあと，試験管Aの内側に付着した液体を青色の塩化コバルト紙で調べてみよう。塩化コバルト紙は，水につけると，もも色に変化する。

③試験管Aに残った白い固体を水に溶かしたものに，フェノールフタレイン溶液を加えてみる。フェノールフタレイン溶液は，アルカリ性の溶液に入れると赤く変化する性質がある。どのように変化したか，炭酸水素ナトリウムの水溶液の場合と比べてみよう。

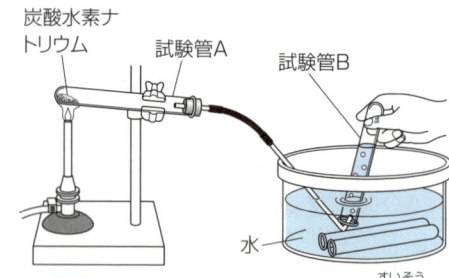

注意　加熱をやめる前にガラス管を水槽の水の中からぬいておくこと。ぬかずに加熱をやめると，水槽の水が試験管A内に逆流する。また，加熱するとき試験管Aの口は下げておくこと。

　炭酸水素ナトリウムを加熱して発生した気体は，石灰水が白くにごることから二酸化炭素であることがわかります。また，塩化コバルト紙の変色から，試験管の口付近にたまった液体は水であることがわかります。さらに，炭酸水素ナトリウムは水に溶けにくく，水溶液はフェノールフタレイン溶液がほとんど変色しないのに対して，試験管に残った固体は水によく溶けてフェノールフタレイン溶液で赤色になりました。炭酸水素ナトリウムとは別の物質になったと考えられます。この物質は炭酸ナトリウムという物質です。

　この実験で次のような変化が起こったと考えられます。

| 炭酸水素ナトリウム | → | 炭酸ナトリウム | ＋ | 二酸化炭素 | ＋ | 水（水蒸気） |

　カルメ焼きがふくらんだのは，炭酸水素ナトリウムから発生したたくさんの二酸化炭素の泡が主な原因です。

2. 分解と化学変化

　炭酸水素ナトリウムは加熱すると，3種類の物質に分かれます。このように，1種類の物質が2種類以上の物質に分かれる変化を**分解**といいます。

$$\boxed{物質A} \longrightarrow \boxed{物質B} + \boxed{物質C} + \cdots$$

　次に，カルメ焼きに使った砂糖に注目してみましょう。

　砂糖は熱していくと，最初はどろどろにとけて液体になります。さらに熱していくとまっ黒になってしまいます。このまっ黒になったものはもはや砂糖ではなく別の物質です。砂糖が変化して砂糖とは異なる別の物質ができたのです。このとき，まっ黒の物質以外に，水蒸気などもできています。砂糖を熱するとまっ黒の物質になる変化も分解です。

　このように，ある物質が別の物質に変化することを**化学変化**といいます。分解も化学変化の一種です。

　次に，分解の例をもう1つ見てみましょう。

実験　酸化銀を熱して化学変化させてみよう

①炭酸水素ナトリウムを加熱したときと同じ装置（ゴムせんとガラス管は，はずす）で，試験管内で酸化銀を加熱する。[※1]
②火のついた線香を試験管の口に入れ，燃焼の様子を観察しよう。
③酸化銀全体の色が白く変わったら加熱をやめ，よく冷ましてから取り出す。
④取り出した白色の物質を薬さじでこすったり，金づちでたたいてみよう。
⑤電気が流れるかどうか，薬さじでこすった面を調べよう。

　酸化銀を熱すると，分解して酸素が発生し，白い固体の物質が残ります。この白い固体をみがくと，銀色に光ります。また，この物質は電気をよく通し，圧力をかけると板のようにうすくのびるという性質をもっています。じつはこの物質の正体は銀です。

※1　アルミニウムはくで舟形（ピンセットでつまめるように片方をのばしておく）をつくり，その器の中に酸化銀を入れてから，器ごと試験管の中に入れるとよい。

酸化銀 ⟶ 銀 + 酸素

トライ 身のまわりで分解が起こっている変化を探してみよう。

科学コラム

写真の科学

写真のフィルムは，塩のなかまである臭化銀（AgBr）の細かい粒子（直径 0.0001 ～ 0.001 mm）をふくんだゼラチンを，うすい膜にぬったものです。

写真をとるときに光の当たった臭化銀は，光の量に応じて銀原子と臭素原子に分解します。これは光によって起こされる化学変化です。

臭化銀 ⟶ 銀（微細な粒子） + 臭素

光が当たった臭化銀の粒子の中に，微細な銀粒子ができます。

次に，撮影が終わったフィルムに，現像液で現像という処理をします。はじめに光が多く当たり，銀原子がたくさんできていた部分ほど，現像により銀の微粒子がふえて黒くなります（一般に金属の微細な粒子は黒色に見えます）。光が当たらなかったところは臭化銀粒子のままです。現像が適度に進んだところで反応を停止するようにします。

続いて定着を行います。定着は，反応せずに残っている臭化銀を溶かし出して除く操作です。これでネガフィルムができます。光がたくさん当たったところは，銀原子がたくさん集まり，ネガフィルムでは黒くなります。ネガフィルムに光を通して，印画紙に焼きつけると，ネガフィルムの黒い部分は印画紙ではもとどおり白くなり，モノクロの写真になります。

第2節　物質はなにからできているのか

1. 物質はどこまで分解できるか

　私たちの身のまわりの多くの物質は，化学反応で分解し，別の物質に変わります。このようにしてある物質を分解してできた物質は，さらに分解することができるでしょうか。炭酸水素ナトリウムが分解してできた水を例にして考えてみましょう。

　水は加熱しても簡単に分解しないようです。加熱すると水蒸気になりますが，水蒸気は，水が状態変化をしたものであり，物質としてはあくまでも水です。では，水はこれ以上分解できないのでしょうか？

実験　水の電気分解

　電気分解の装置を使って電気で水を分解し，発生した気体を調べてみよう。

① ピンチコックでゴム管を閉じ，10％炭酸ナトリウム水溶液※を入れてゴムせんをする。
② ピンチコックをはずしてから，電極と電源装置をつないで電流を流す。
③ 気体が集まったら電流を流すのをやめ，ゴム管を閉じる。
④ 陰極上部のゴムせんをはずし，火のついたマッチを近づける。
⑤ 陽極上部のゴムせんをはずし，火のついた線香を近づける。

※ 炭酸ナトリウム水溶液のかわりに，うすい水酸化ナトリウムを用いてもよい。これらの溶質は，電流を通しやすくする。

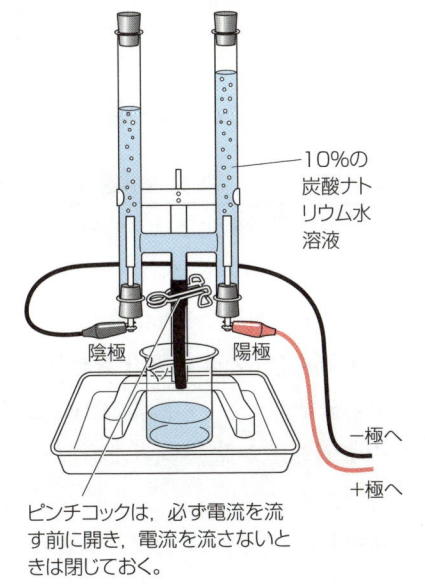

ピンチコックは，必ず電流を流す前に開き，電流を流さないときは閉じておく。

✕ 危険　水酸化ナトリウム水溶液は皮ふや衣類をいためる性質があるのであつかいに注意し，目に入ったり皮ふについたりしたらすぐに大量の水で洗い流すこと。

実験の結果からわかるように，水は電流を流すと，水素と酸素に分解し，陰極（－極側）に水素，陽極（＋極側）に酸素が発生します。水を加熱したときに，水が水蒸気となる状態変化とはちがって，これは電気によって水が水素と酸素という別の物質に分解した化学変化です。

水はただ加熱しただけでは，炭酸水素ナトリウムのような熱分解を起こさせることは困難です（水蒸気を 1000 ℃ の高温で加熱しても，そのうちの 0.1 ％ が水素と酸素に分解する程度です）。ところが，水に電流を流すと，比較的簡単に水素と酸素に分解することができるのです。

このように物質に電流を流して分解する方法を，**電気分解**といいます。

水は電気分解によって水素と酸素に分解しますが，分解してできた水素や酸素は，加熱しても電流を流してもそれ以上分解することができません。また，酸化銀を分解すると銀と酸素ができますが，銀も酸素と同様に，熱しても電流を流してもそれ以上分解できません。

2. 状態変化と化学変化のちがい

状態変化では，物質の状態は変わりますが，物質そのものは変化しません。一方，化学変化とは，物質がその物質の性質を失って，ちがう物質に変化することをいいます。化学変化が起こる前と起こったあとでは，物質をつくる原子の組み合わせが変化しています。

【水の状態変化と化学変化を分子レベルで考えてみよう】

水の分子は，1つの酸素原子に2つの水素原子が結びついた形になっています。

状態変化では，水の分子の集まり方は変わりますが，水分子そのものの構造は変わりません。水と水蒸気では状態が変化しているだけで，いずれも物質としては水そのものです。

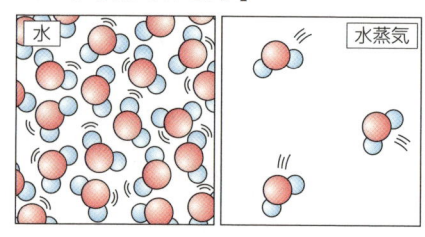

図1　水が水蒸気へ状態変化するときの模式図

一方，水を電気分解するときの変化は化学変化で，水は水素分子と酸素分子に分解します。

水 → 水素 + 酸素

このとき，水の分子は水素原子と酸素原子とに分かれます。そして2つの水素原子が結びついて水素分子ができ，2つの酸素原子が結びついて酸素分子ができるのです。

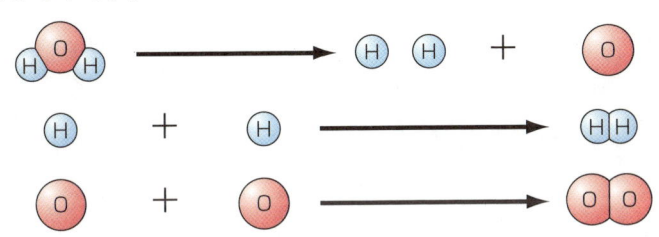

図2　水が電気分解するときの変化

3. 物質の分類

ここでもう一度，単体と化合物についてまとめてみましょう。
- **単体** ………化学変化ではそれ以上分解できない物質。1種類の原子からできている。
- **化合物** ……化学変化により2種類以上の純粋な物質に分解できる物質。2種類以上の原子からできている。

単体にも化合物にも，分子をつくるものと分子をつくらないものの両方があります。

さて，以上は純粋な物質の場合の話でした。今度は，それ以外の物質について考えてみましょう。

私たちのまわりにある液体の水は，H_2O だけでできているのではなく，海水はもちろん，雨水でも地下水でも川や湖の水でもいろいろな物質を溶かしこんでいます。このように，2種類以上の物質が混ざった物質を**混合物**といいます。混合物からは，ろ過，再結晶，蒸留などで分けて純粋な物質を取り出すことができます（第3章第2節）。

※1　ただし完全に純粋な水をつくることは難しいので，目的に応じて微量の不純物を許容して「純粋な水」すなわち「純水」としている。

これまでに学んだ物質には，純粋な物質と混合物，単体と化合物がありますが，これらの関係を整理すると，図3のようになります。

同じ原子からなる単体でも，原子どうしの結びつき方によって異なる物質になります。例えば，ダイヤモンドと黒鉛(こくえん)（グラファイト）は，ともに炭素からできていますが，性質はまったく異なります。

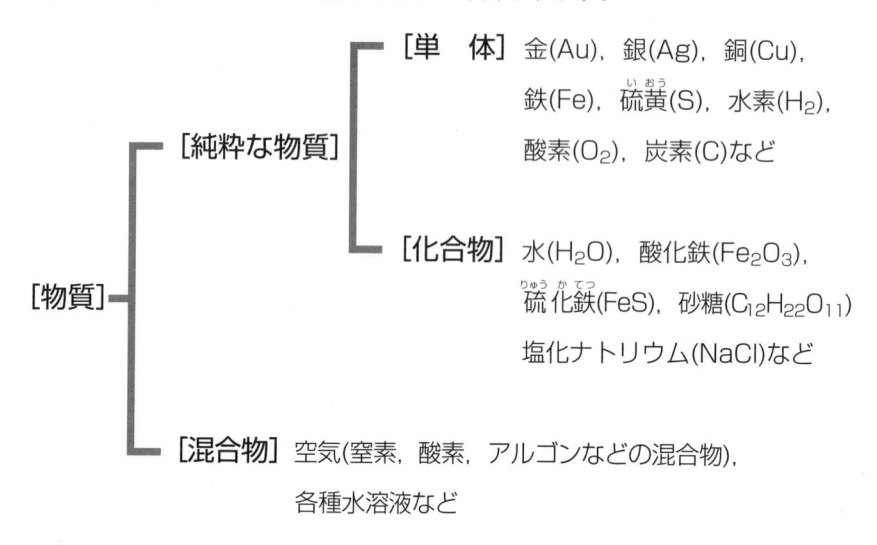

[物質]
- [純粋な物質]
  - [単　体] 金(Au)，銀(Ag)，銅(Cu)，鉄(Fe)，硫黄(い おう)(S)，水素(H_2)，酸素(O_2)，炭素(C)など
  - [化合物] 水(H_2O)，酸化鉄(Fe_2O_3)，硫化鉄(りゅう か てつ)(FeS)，砂糖($C_{12}H_{22}O_{11}$)，塩化ナトリウム(NaCl)など
- [混合物] 空気(窒素，酸素，アルゴンなどの混合物)，各種水溶液など

図3　純粋な物質・混合物・単体・化合物のまとめ

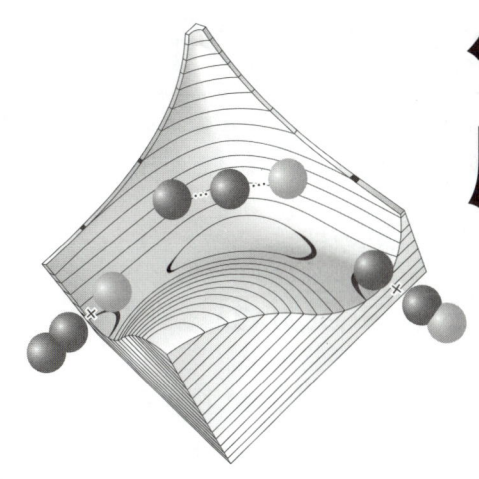

第5章 化学変化と原子・分子

本章の主な内容

第1節 化合と化学反応式
2つの物質から新しい物質をつくることができるか
鉄と硫黄の化合 ／ 化学反応式
物質と酸素との化合

第2節 酸化物の還元
酸化銅の還元 ／ 二酸化炭素の還元
水の還元 ／ 金属の利用

第3節 化学変化で質量は変化するか
化学変化と質量 ／ 質量保存の法則
成分比一定の法則

第4節 いろいろな化学変化
有機物の燃焼 ／ 金属のゆるやかな酸化 ― さび ―
使い捨ての携帯カイロはなぜ温かくなるのか
燃料を燃焼・爆発させて走る自動車
酸とアルカリの反応 ／ 原子の循環
化学変化で新しい物質をつくる

第5章 化学変化と原子・分子

私たちの身のまわりでは、物質が燃えること、金属がさびること、からだの細胞で呼吸がおこなわれていることなど、さまざまな化学変化が起こっています。
これらの化学変化を原子・分子のレベルから探っていきましょう。

第1節 化合と化学反応式

1. 2つの物質から新しい物質をつくることができるか

　前章では、炭酸水素ナトリウムを熱すると、炭酸ナトリウム、水、二酸化炭素に分けられること（熱分解）や、電気によって水を水素と酸素に分けられること（電気分解）を学んできました。

　それでは、分解の反対に、分解された物質を結びつけてもとの物質にもどしたり、2種類の物質から新しい別の物質をつくることはできるでしょうか。

　銅と硫黄を結びつけて、化合物にすることができるかどうかを、銅板と硫黄粉末を用いて調べてみましょう。銅板の上に硫黄粉末をのせて1，2日放置してから硫黄粉末を取り除くと、銅板と硫黄粉末が接しょくした部分が黒く変色しています。

トライ　銅板に硫黄をこすりつけてみよう

　よくみがいた銅板の上に、硫黄粉末をのせて硫黄の粉末を銅板にこすりつけてみよう。どのような変化があるだろうか。

　金属光沢をもった銅板に硫黄の粉末をこすりつけると、こすりつけたところは金属光沢を失って、しだいに黒くなっていきます。

　この黒い物質は銅でもないし、硫黄でもないようです。こすりつけたことで、銅原子と硫黄原子とがぶつかり合って、新しい結びつきができたのかもしれません。

　そこで、もっと激しくぶつかり合うように銅板に少量の硫黄の粉末をの

せて銅板を熱してみます。※1 温度が上がると，それぞれの原子の動きは激しくなります。すると，すぐに黒い物質ができます。これは硫化銅(りゅうかどう)※2という化合物です。

$$\boxed{銅} + \boxed{硫黄} \longrightarrow \boxed{硫化銅}$$

このように2種類以上の純粋(じゅんすい)な物質が結びつき，1種類の化合物ができる化学変化を**化合**(かごう)といいます。

図1のように，銅と硫黄蒸気を化合させて硫化銅をつくることもできます。加熱された試験管の底のほうで硫黄がとけ，さらに沸騰(ふっとう)して気体になり，試験管内をびゅんびゅん飛び回っている硫黄の分子が銅板をつくる銅原子に衝突(しょうとつ)して，結びついて硫化銅ができたと考えられます。

① 硫黄の粉末を入れた試験管の底をガスバーナーで強く熱すると，硫黄がとけて黄色から褐色(かっしょく)の液体になり沸騰し始める。
② 硫黄の蒸気が試験管の中ほどまで上がるようになったら，銅板を試験管の中に宙づりにする。
③ しばらくすると，銅と硫黄の反応する様子が見られる。
④ よく冷ましてから内容物を取り出して，色，つや，もろさをもとの銅と比較(ひかく)※3してみる。

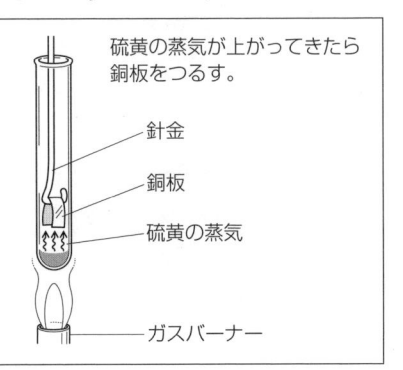

硫黄の蒸気が上がってきたら銅板をつるす。
― 針金
― 銅板
― 硫黄の蒸気
― ガスバーナー

図1 銅と硫黄蒸気を化合させる実験

2. 鉄と硫黄の化合

今度は，鉄と硫黄の組み合わせでも，同じように新しい物質ができるかどうかを実験で調べてみましょう。

※1 硫黄の粉末をのせた銅板を加熱する実験は，先生といっしょに行う。
※2 硫化銅には，CuS と Cu_2S の2種類がある。銅板に硫黄の粉末をこすりつけてできたものが CuS か Cu_2S かは特定されていない。また，銅と硫黄蒸気が化合してできる硫化銅は，Cu_2S である。
※3 硫化銅には，電気を流す性質がある。

実験　鉄と硫黄を結びつけてみよう

① 試験管に硫黄の粉末を入れ，その上にほぐしたスチールウールをかるくつめて，試験管の底をガスバーナーで加熱する。とけた硫黄（褐色）が沸騰して，硫黄の蒸気がスチールウールのところまで上がると反応が起こるので，その様子を観察しよう。

② よく冷ましてから，内容物を取り出し，この物質の色，つや，もろさ，磁石のつき方，電流の流れぐあい，塩酸を加えたときの反応を，もとのスチールウールの場合と比較しよう。

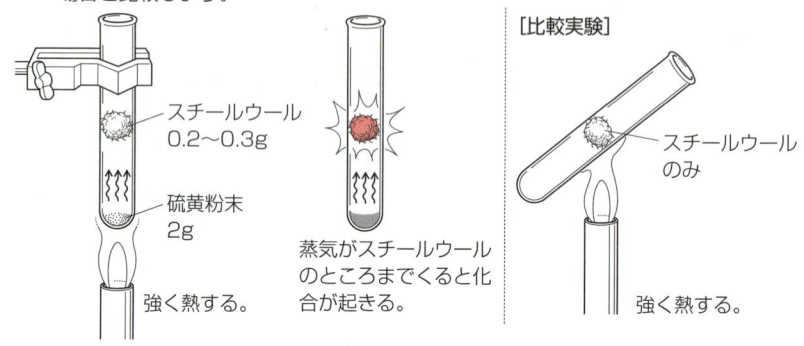

スチールウール 0.2〜0.3g
硫黄粉末 2g
強く熱する。

蒸気がスチールウールのところまでくると化合が起きる。

[比較実験]
スチールウールのみ
強く熱する。

　スチールウールと硫黄の粉末を加熱する実験では，はじめに熱した硫黄がとけ，さらに沸騰して蒸気になった硫黄が試験管の中ほどまで上がっていきました。この硫黄の蒸気がスチールウールのところに達すると，スチールウールは赤くなり，光と熱を出しながら，その変化が全体に広がっていきました。

　あとに残った物質は全体に黒く，1種類の物質のように見えます。磁石を近づけてみても，鉄のように強い力で引きつけられることはありません。スチールウールのような弾力もなくなっていて，強くつまむとくだけてしまいます。また，鉄に酸を加えたとき発生する気体はほとんどにおいませんでしたが，残った黒い物質に塩酸を加えると，特有のにおいをもった気体が発生します。これらのことから，鉄とも硫黄ともちがう，新しい物質になったと考えられます。この黒い物質は鉄と硫黄が結びついてできた化合物で，硫化鉄といいます。

| 鉄 | + | 硫黄 | ⟶ | 硫化鉄 |
| (Fe) | | (S)[※1] | | (FeS) |

科学コラム

ファーブルの火山の実験

『昆虫記』をかいたファーブルは，『化学のふしぎ』という本もかいています。今から100年と少し前の本です。その中にある火山の実験を紹介しましょう。

鉄粉と硫黄の粉末に水を少し入れて，こねてどろどろにしたものをつくります。さて，なにが起こるでしょうか。

色がしだいに黒く変わってすすのようになってきます。また，この団子から蒸気がシュウシュウと音を立てながらふき出してきます。ときどき爆発したかのように黒い粒がぴょんととび出していきます。火もないのにすごい熱が出てきます。

100年も前に行われたこの実験を，下の図のようにして，実際にやってみましょう。

① 鉄粉70gと硫黄粉末40gをよく混ぜ合わせ，水25～30mLを加えてよく練り，団子にする。

② つくった団子を，空き缶に入れて変化が起こるのを待つ。

注意
実験が終わったら反応物（硫化鉄）は土にあなをほってうめ，処分する。

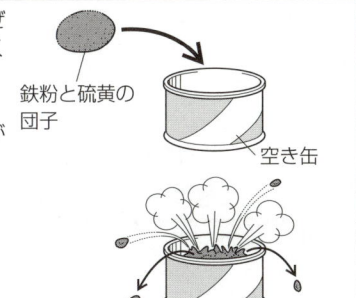

3. 化学反応式

ここでは，これまで実験を行った化学変化を，元素記号を用いた化学式の組み合わせにより表してみましょう。化学式を使って化学反応を表した式を**化学反応式**といいます。

【化学反応式による化学変化の表し方】

化学反応式では，左辺に反応前の物質を表し，右辺に反応後の物質を表し，矢印 ⟶ で結びます。

※1 硫黄は通常S_8という分子で存在するが，ここでは単にSとかくことにする。

まず簡単な例として，鉄と硫黄の化合を考えます。

鉄　＋　硫黄　⟶　硫化鉄

鉄と硫黄が化合するときには，鉄原子（Fe）は，硫黄原子（S）と1：1の割合で結びついて，硫化鉄（FeS）に変わります。この変化を化学反応式を使って表すと，次のようになります。

Fe ＋ S ⟶ FeS　　　………鉄と硫黄の化合

矢印⟶の左辺は反応前の物質を表し，右辺は反応の結果できた物質を表しています。

これから，鉄と硫黄の化合以外にもいろいろな化学変化を化学反応式で表してみましょう。ここでは，次の①〜③の3段階で化学反応式を完成させましょう。まず，水の電気分解の例で考えてみましょう。

化学反応式の表し方（係数の決め方）

① まず化学反応にかかわった物質がなにかをはっきりさせる。

矢印⟶の左辺には，はじめあった物質を，右辺にはできた物質をかく。ここでは，日本語でかく。

水 ⟶ 水素 ＋ 酸素

② 日本語の下に化学式をかく。

H_2O ⟶ H_2 ＋ O_2

③ 矢印⟶の左右で，原子の数が合っているかどうかチェックする。原子の数が合っていなかったら，化学式の前に数字（係数）をつけて合わせる（係数合わせ）。

> 酸素原子（O）の数が合わないので，酸素原子（O）の数を合わせるために，H_2O の下にもう1つ H_2O をかく。すると今度は，水素原子（H）の数が合わなくなるので，H_2 の下にもう1つ H_2 をかく。
>
> $$H_2O \longrightarrow H_2 + O_2$$
> $$H_2O \qquad\quad H_2$$
>
> これで，左右の原子の数が合うようになった。同じものは，係数をつけてまとめて表す。
>
> $$2H_2O \longrightarrow 2H_2 + O_2 \qquad \cdots\cdots\text{水の電気分解}$$

反応前の物質		反応後の物質	
水の化学式		水素の化学式	酸素の化学式
$2H_2O$	$\longrightarrow$	$2H_2$ +	O_2
↑水分子が2個		↑水素分子が2個	↑酸素分子が1個（1の場合は省略）

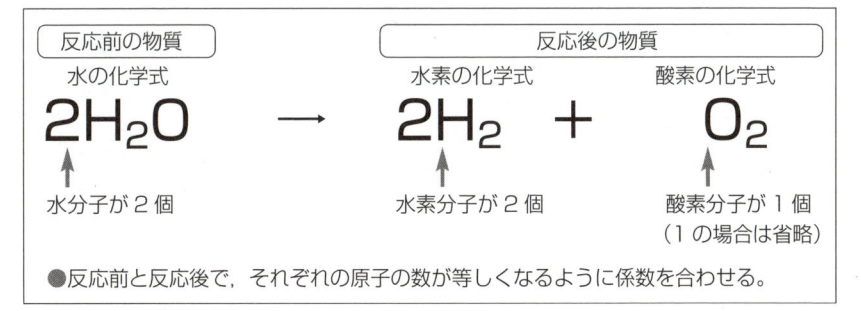

● 反応前と反応後で，それぞれの原子の数が等しくなるように係数を合わせる。

図2　化学反応式の表し方

　係数をつけて左辺（反応前）と右辺（反応後）の原子の数を合わせるのは，原子は化学変化によってほかの原子に変わったり，なくなったり，新しくできたりしないという性質をもっているからです。

　化学反応式からは，化学変化についていろいろなことがわかります。例えば，化学反応式の中の化学式から，矢印 ⟶ の前後にそれぞれ反応する物質，反応してできる物質がわかります。また，化学反応式の中の化学式の前の数字から，反応する物質，反応してできる物質の，分子や原子の数の関係がわかります。

　化学反応式を使うと，化学変化を簡単に表すことができて，たいへん便利です。いろいろな物質の化学式をもとに化学反応式を組み立ててみると，起こりそうな化学変化を予想できることがありますし，化学変化で新しい物質をつくろうとするときには，材料や方法を考えたりする手がかりとなります。

> **問い** 化学反応式の表し方について，もう1つ練習してみましょう。次の化学変化について化学反応式を考えましょう。
> 「酸化銀（Ag_2O）を加熱すると，酸素（O_2）と銀（Ag）に分解する」

【考え方】

① まず日本語でかきます。

　　　酸化銀　⟶　酸素　＋　銀

② 物質の化学式をかきます。

　　　Ag_2O　⟶　O_2　＋　Ag

③ 矢印⟶の左右で酸素原子（O）の数と銀原子（Ag）の数の両方が合いません。

酸素原子（O）の数を合わせるためには，Ag_2O の下にあと1つ Ag_2O をかきます。次に，銀原子（Ag）の数を合わせるために，Ag の下にあと3つ Ag をかきます。

　　　Ag_2O　⟶　O_2　＋　Ag
　　　Ag_2O　　　　　　　　Ag　Ag　Ag

これで左右の原子の数がすべて合いました。

同じものは，係数をつけてまとめて表します。

　　　$2Ag_2O$　⟶　O_2　＋　$4Ag$　………酸化銀の分解

これで完成です。

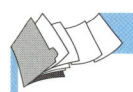

科学コラム

塩化ナトリウム─塩素とナトリウムの化合物─

　ナトリウムは銀色をしたやわらかい金属です。ナイフで簡単に切ることができます。この金属は，水をかけると化学変化を起こし火の玉になったり，大きなかたまりのまま水の中に入れると爆発したりする危険な物質です。

　食塩の主成分の塩化ナトリウムにも「ナトリウム」という言葉がふくまれています。しかし，塩化ナトリウムは危険な物質ではなく，もちろんさわってもなに

も問題はないし，大量に食べなければ食べてもだいじょうぶです。

　それでは，ナトリウムと塩化ナトリウムとはどこがちがうのでしょうか。

　ナトリウムはナトリウム原子だけからできている単体です。一方，塩化ナトリウムは，塩素原子とナトリウム原子とが結びついた化合物です。化合物になると，単体とは別の物質になり，性質もちがってくるのです。

　塩素は，第一次世界大戦でドイツ軍が毒ガス兵器として最初に使った危険な気体です。その塩素と，水と激しく反応する銀色の金属であるナトリウムは，どちらも危険な物質ですが，2つの物質が結びつくと食べても平気な物質になるのです。

　ナトリウムをのせたスプーンを加熱して，塩素が入った集気びんに入れる実験を実際にやってみると，激しく白い煙(けむり)をあげて2つの物質は反応します。このとき，白い煙としてまわりにとび散った白色の物質こそ，塩化ナトリウムなのです。

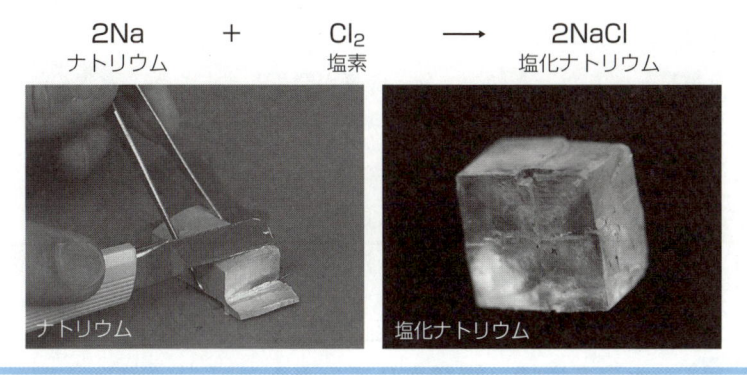

$$2Na + Cl_2 \longrightarrow 2NaCl$$
ナトリウム　　　塩素　　　　塩化ナトリウム

4. 物質と酸素との化合

> **問い**　物質が燃えるとはどういうことなのでしょうか。

　物質が燃えるときに必要な条件は，少なくとも3つあります。

　1つめは，酸素と結びつく物質があることです。これは有機物とは限りません。金属の中にもスチールウールのように燃える物質があります。2つめは，酸素がある（新鮮(しんせん)な空気がある）ことです。3つめは温度です。

　一般(いっぱん)にこれらの条件がそろったときに，火種があると，熱と光を出しながら進む激しい反応，つまり**燃焼(ねんしょう)**が起こります。

【炭素の燃焼】　炭素（木炭など）が燃えると二酸化炭素ができます。

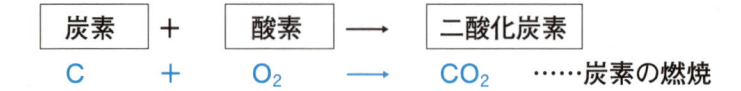

炭素	+	酸素	⟶	二酸化炭素	
C	+	O_2	⟶	CO_2	……炭素の燃焼

　炭素原子（C）に酸素分子（O_2）がぶつかって原子の組みかえが起こり，二酸化炭素分子（CO_2）ができます。

【水素の燃焼】　水素が燃えると水ができます。

水素	+	酸素	⟶	水	
$2H_2$	+	O_2	⟶	$2H_2O$	……水素の燃焼

　水素分子（H_2）と酸素分子（O_2）がぶつかって原子の組みかえが起こり，水（H_2O）ができます。

　水を電気分解したときに，水素と酸素が発生しましたが，水素の燃焼は，逆に水素と酸素が化合することで水ができる化学変化です。水素発生装置から発生する水素に火をつけて，※1 その炎を黒板に近づけると，生じた水蒸気が冷えて水になるので黒板がぬれます。また，水素と酸素をじょうぶなポリエチレンのふくろに入れて点火すると爆発的に反応します。そのあとふくろの中をよく見ると，水滴を見つけることができます。

トライ　水素を燃焼・爆発させてみよう

　じょうぶなポリエチレンのふくろの中に水素と酸素を混合した気体を入れ，右の図のようにして，電気の火花で点火してみよう。
- 反応はどんな様子か。
- 反応後，ふくろの中にはなにが残ったか。

　注意　大きな音がするのでおどろかないように注意する。

（図：導線、点火装置、水素$50cm^3$、酸素$25cm^3$、じょうぶなポリエチレンのふくろ）

※1　はじめのうちは水素発生装置の中に空気が混じっているので，爆発の危険がある。発生した水素を試験管にとり，火をつけて，おだやかに燃えることを確認してから装置に火をつける。また，装置をポリエチレン容器でつくるとより危険が少ない。

第1節 化合と化学反応式

【有機物の燃焼】　私たちの家庭や学校の実験室で使われているガスは，天然ガスとして油田などから産出したものが中心です。主成分は，いろいろな組み合わせの炭素と水素の化合物で，気体の有機物ということになります。同様にアルコールやガソリンは液体の，木材や石炭は固体の有機物です。

その中で最も構造の簡単なメタン（天然ガスの主成分）を例として，有機物が燃焼するときの化学変化を考えてみましょう。

メタンの分子は図3のような形をしていて，化学式は CH_4，つまり4つの水素が1つの炭素に結合した構造です。メタン（CH_4）が燃焼するときには，まずメタン分子が酸素分子とぶつかって原子の組みかえが起こります。これは，メタン分子も酸素分子も一度原子に分かれて，それらの原子が結びつくと考えるとわかりやすいでしょう。

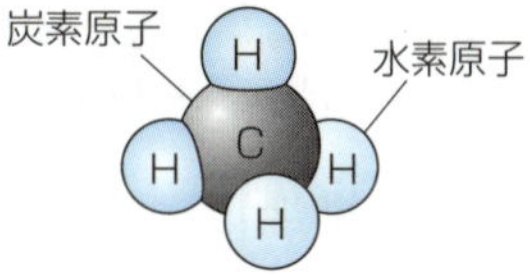

図3　メタン分子

つまり，メタン分子のC原子，H原子と，酸素分子のO原子との間で原子の組みかえが起こり，C原子とO原子とが結びついて CO_2 分子ができ，H原子とO原子とが結びついて H_2O 分子ができます。

メタン	+	酸素	→	二酸化炭素	+	水
CH_4	+	$2O_2$	→	CO_2	+	$2H_2O$

………メタンの燃焼

プロパン（C_3H_8）の場合も同様に，原子の組みかえが起こって，二酸化炭素と水ができます。

プロパン	+	酸素	→	二酸化炭素	+	水
C_3H_8	+	$5O_2$	→	$3CO_2$	+	$4H_2O$

……プロパンの燃焼

【プロパンの燃焼の化学反応式における係数の決め方】
まず日本語でかく。
　　プロパン ＋酸素　──→　二酸化炭素　＋　　水
化学式におきかえる。
　　C_3H_8 ＋ O_2 ──→ CO_2 ＋ H_2O
仮に C_3H_8 の係数を1とおいてみる。
──→の両辺でCとHの数を合わせるためには，右辺で CO_2 を3個，H_2O を4個とする。

$$C_3H_8 + O_2 \longrightarrow CO_2 + H_2O$$
$$CO_2 \quad H_2O$$
$$CO_2 \quad H_2O$$
$$H_2O$$

ここで，右辺の O の数は 10 個なので，左辺で O_2 を 5 個にする。

$$C_3H_8 + O_2 \longrightarrow CO_2 + H_2O$$
$$O_2 \quad CO_2 \quad H_2O$$
$$O_2 \quad CO_2 \quad H_2O$$
$$O_2 \quad\quad\quad H_2O$$
$$O_2$$

同じものは係数をつけてまとめて完成。

$$C_3H_8 + 5O_2 \longrightarrow 3CO_2 + 4H_2O$$

【金属の燃焼】　金属の細かい粒や，繊維のように細い金属が燃焼する例として，スチールウールの燃焼を見てみましょう。

実験　スチールウールを燃やす

スチールウールをほぐして火をつけると燃える。このとき，木や砂糖を燃やすときと同じように二酸化炭素が発生するだろうか。

① ほぐしたスチールウールに火をつけて容器に入れる。
② 燃焼の様子を観察する。
③ 周囲の気体を集めて石灰水を加え，ふり混ぜる。

　木や砂糖のような有機物を加熱すると，こげて炭（炭素）ができたり，二酸化炭素や水が発生したりします。燃えて二酸化炭素が出る物質は炭素をふくんでいます。

　しかし，鉄を繊維のように細くしたスチールウールを空気（酸素）中で燃やしても，二酸化炭素はできません。スチールウールは，ほぼ純粋な鉄で，炭素をふくんでいないので二酸化炭素は発生しないのです。

　スチールウールをよくほぐしてから火をつけたのは，そのほうが空気の通りがよくなり，多くの酸素が鉄に出合えるからです。このような条件がそろうと，鉄でさえ燃えてしまうのです。

　スチールウールの燃焼後に残った物質は，黒色で金属の光沢がなくなり，電気を通しません。このように燃える前のスチールウール（鉄）の性質がい

くつか失われてしまったことから，まったく別の物質に変化したことがわかります。このときできるのは，主に酸化鉄（Fe_2O_3）です。[※1]

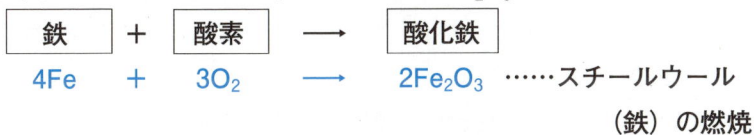

鉄	+	酸素	→	酸化鉄
4Fe	+	3O_2	→	2Fe_2O_3

……スチールウール（鉄）の燃焼

【スチールウール（鉄）の燃焼の化学反応式における係数の決め方】
まず日本語でかく。
　　　　鉄　　　+　　　酸素　　　→　　　酸化鉄
化学式におきかえる。
　　　　Fe　　　+　　　O_2　　　→　　　Fe_2O_3
O が左辺で 2 個（偶数），右辺で 3 個（奇数）なので，必ず Fe_2O_3 の係数は偶数になる。仮に Fe_2O_3 を 2 個にしてみる。
　　　　Fe　　　+　　　O_2　　　→　　　Fe_2O_3
　　　　　　　　　　　　　　　　　　　　　Fe_2O_3
→の右辺で Fe は 4 個，O は 6 個なので，左辺の Fe を 4 個，O_2 を 3 個とすると，両辺の原子の数が等しくなる。
　　　　Fe　　　+　　　O_2　　　→　　　Fe_2O_3
　　　　Fe　　　　　　　O_2　　　　　　　Fe_2O_3
　　　　Fe　　　　　　　O_2
　　　　Fe
同じものは係数をつけてまとめて完成。
　　　　4Fe　　　+　　　3O_2　　　→　　　2Fe_2O_3

鉄が空気中の酸素と化合して酸化鉄に変わる変化は，別のところでも見ることができます。例えば，鉄の黒さびです。

一般に，金属にできるさびは，金属と酸素が水などといっしょにおだやかに化合していった結果，うまれた物質です。

燃える金属はほかにもあります。マグネシウムもその 1 つです。マグネシウムは銀白色をした金属で，実験用にはうすくのばしたリボン状のものがよく使われます。マグネシウ

図4　マグネシウムの燃焼

[※1] 酸化鉄には，鉄と酸素が結びつく割合によって FeO，Fe_3O_4，Fe_2O_3 がある。この実験でできる酸化鉄は純物質ではなく，全体を平均すると Fe_2O_3 が主成分で，その次に多い成分が Fe_3O_4 であるとされている。

ムは，鉄よりも燃えやすい金属で，リボン状のものは表面積が広いので，火をつけると空気中で燃焼させることができます。火がつくと図4の写真のように明るくかがやいて燃焼し，燃えつきたあとには白色の酸化マグネシウム（MgO）が残ります。

金属のマグネシウムと酸素分子が化合するときも，原子の組みかえが起こって酸化マグネシウムができるといえます。

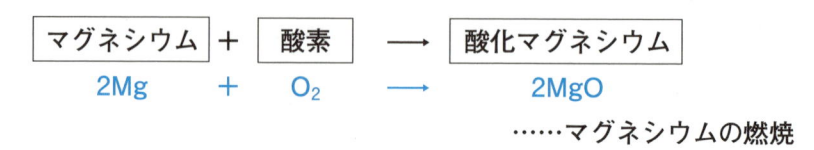

マグネシウム ＋ 酸素 ⟶ 酸化マグネシウム
$2Mg + O_2 \longrightarrow 2MgO$
……マグネシウムの燃焼

銅粉を空気中で加熱すると，銅と酸素が結びついて黒色の酸化銅（CuO）ができます。

銅 ＋ 酸素 ⟶ 酸化銅
$2Cu + O_2 \longrightarrow 2CuO$ ……銅の燃焼

ほかにも粉末にした金属には，火をつけると燃えたり，爆発したりするものがたくさんあります。

【酸化】　ある物質が酸素と化合することを，**酸化**（さんか）といいます。酸化は金属がさびるときのように，おだやかに進行することもあれば，物質が燃えるときのにように，熱や光の発生をともなって急激に起こることもあります。

私たちは燃料を燃やして，そのとき発生する熱や光を利用しています。一般に，化学反応が起こるときに発生する熱を**反応熱**（はんのうねつ）といいます。また燃焼のように熱が出る反応を，**発熱反応**（はつねつはんのう）とよびます。

問題　次のときの化学変化を化学反応式で表しましょう。できるだけ教科書を見ないで，自分で係数を決めてみましょう。

1. 水素（H_2）の燃焼
2. メタン（CH_4）の燃焼
3. マグネシウム（Mg）の燃焼

科学コラム

水素と酸素が化合するとき―燃料電池―

　水素と酸素が化合する際に放出されるエネルギーは，一般に熱エネルギーですが，工夫すると電気エネルギーの形で取り出すこともできます。

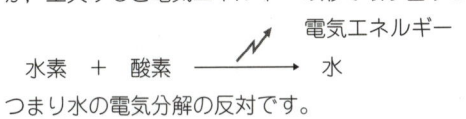

　　　　　　　　　　　　　　↗ 電気エネルギー
　　水素 ＋ 酸素 ─────→ 水

つまり水の電気分解の反対です。

　　　電気エネルギー ↗
　　水 ─────→ 水素 ＋ 酸素

　このような装置を燃料電池とよんでいます。もし，水素と酸素を供給し続ける仕組みがあれば，燃料電池から電気を取り出し続けることができます。いわば発電装置として利用することができるわけです。

　燃料電池はアポロ７号（有人宇宙船）に採用され，燃料電池の化学変化でできる水は，飲料水として使われました。

　特に現在では，自動車メーカーは次世代の自動車のために燃料電池の開発を急ピッチで進めています。ガソリンエンジンでは，二酸化炭素や窒素酸化物などの排気ガスが出されますが，燃料電池を備えた自動車では，排気ガスが水（水蒸気）になります。

　燃料電池が小型・高性能で安価なものになれば，各家庭に設置されるのもそう遠いことではないかもしれません。

トライ　燃焼と体積の変化

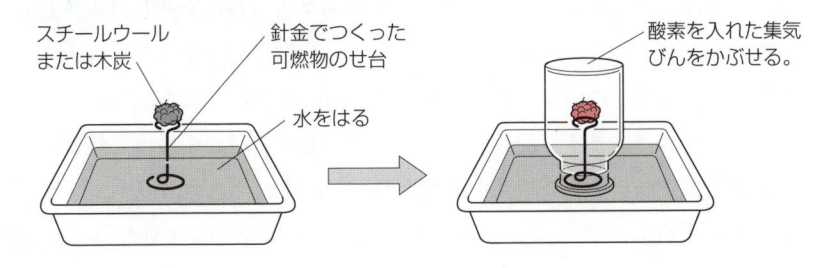

　水を入れたバットに針金の台を立てて，そこでスチールウールや木炭などに火をつけ

たら，すぐに酸素を満たした集気びんをかぶせる。

　燃焼している物質によって，びんに水が上がるときと上がらないときがある。実験をして，その理由を考えてみよう。

第2節　酸化物の還元

1. 酸化銅の還元

　自然の中にある銅や鉄などの物質資源（金属資源）は，多くが酸素原子と結びついた酸化物として存在しています。例えば，赤鉄鉱や磁鉄鉱などの鉄鉱石には，鉄の酸化物である酸化鉄がふくまれています。

　しかし，酸化銅や酸化鉄といった酸化物は，単体の金属とは性質が異なり，加工もしにくいため，これらの酸化物から単体の金属を取り出すことで，生活の中に利用してきました。

問い　酸化銅（CuO）から銅（Cu）を取り出すには，どうしたらよいでしょうか。どんな器具を使っても，どんな物質を使ってもよいこととします。

　酸化物から単体の金属を得るためには，酸化物から酸素原子を引きはなす必要があります。酸化銀は，加熱することによって酸素と銀に分解されました。しかし，酸化銅や酸化鉄は，普通そのような方法で酸素原子を引きはなすことはできません。では，酸化銅や酸化鉄から酸素原子を引きはなすには，どうしたらよいのでしょうか。

　製鉄所では，酸化鉄をふくんだ鉄鉱石とコークス（石炭を蒸し焼きにしたもので，炭素が主成分）を混ぜ合わせて熱し，化学変化によって単体の鉄を取り出しています。このように化学変化によって単体の金属を取り出すことを「製れん」といいます。酸化鉄から酸素原子を引きはなすには，鉄よりも酸素原子と結びつきやすい物質を混ぜ合わせて熱すればよいのです。

　酸化銅の場合も，鉄と同じようにすれば銅を取り出すことができるのか調べてみましょう。

実験　酸化銅から銅を取り出してみよう

酸化銅と炭素を混ぜ合わせて熱し，どのような変化が起こるか調べよう。
① 乳ばちでよく混ぜ合わせた酸化銅の粉末と炭素の粉末を，試験管の底のほうに平らに広げて入れ，加熱する。
② ガラス管を入れた石灰水の変化を調べる。
③ 反応終了後，ガラス管を石灰水から取り出し，加熱をやめる。
④ 冷えてから内容物を取り出し，金属製の薬さじで強くこすって変化を確認する。

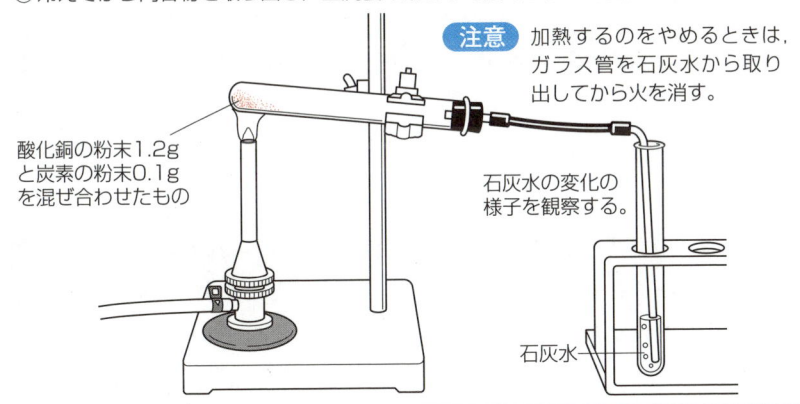

注意　加熱するのをやめるときは，ガラス管を石灰水から取り出してから火を消す。

酸化銅の粉末1.2gと炭素の粉末0.1gを混ぜ合わせたもの

石灰水の変化の様子を観察する。

石灰水

　酸化銅と炭素を混ぜ合わせて加熱すると，二酸化炭素と銅ができます。これは，炭素が酸化銅から酸素原子を引きはなして二酸化炭素になり，酸化銅を単体の銅に変えたからです。
　このときの化学変化を化学反応式で表すと，次のようになります。

$$2CuO + C \rightarrow 2Cu + CO_2$$
酸化銅　　炭素　　　銅　　二酸化炭素

　この反応のように，酸化物から酸素原子が引きはなされる化学変化を**還元**といいます。還元は，物質が酸素原子と化合する酸化とは逆の化学変化であるといえます。
　さて，この化学変化では，酸化銅は還元されて銅に変わっていますが，炭素に着目してみると，炭素は酸化銅から引きはなした酸素原子と結びつき，酸化して二酸化炭素となっています。このように，化学変化の中では酸化と還元は同時に起こる反応です。

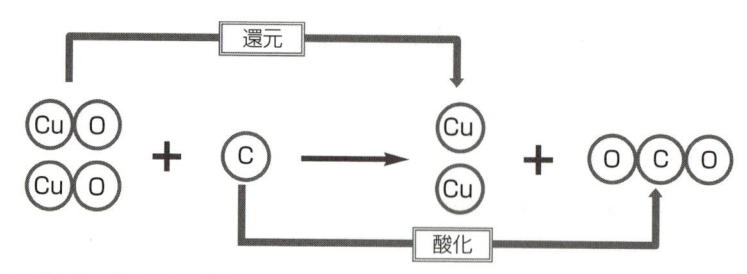

図1 酸化銅の炭素による還元

> **問い** 酸化銅（CuO）と水素（H₂）を反応させると，どんな変化が起こるでしょうか。

　水素も，炭素と同じように銅や鉄よりも酸素原子と結びつきやすい物質です。

　図2のようにして，加熱した酸化銅を水素の中に入れると，水素が酸化銅から酸素原子を引きはなして水となり，銅が残ります。このとき，水素は酸化されて水になり，酸化銅は還元されて，銅になります（図3）。

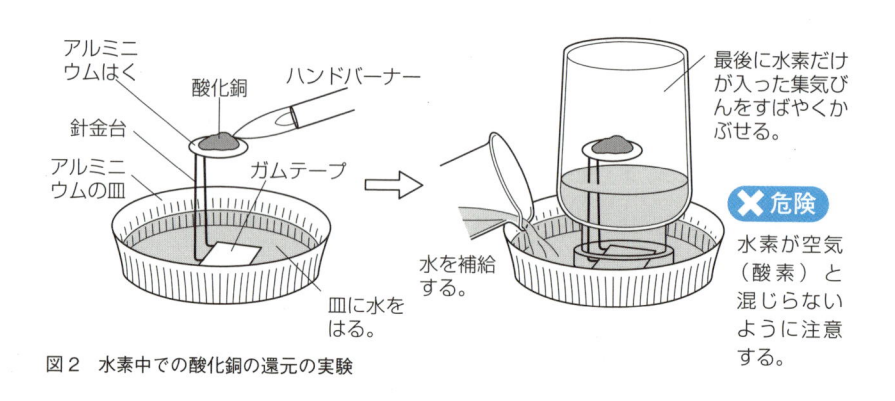

図2 水素中での酸化銅の還元の実験

$$CuO + H_2 \rightarrow Cu + H_2O$$
酸化銅　　水素　　　銅　　水

図3 酸化銅の水素による還元

トライ　お菓子を使って酸化銅を還元してみよう

　チョコレート，アメ，せんべい，クッキーなどのお菓子は，有機物（炭素を中心とした化合物で，そのほかに水素，酸素などがふくまれる物質）でできている。また，酸化銅は，炭素や水素で還元することができた。
　では，酸化銅は，炭素や水素の化合物であるお菓子でも還元できるのだろうか。

① 乳ばちで酸化銅とお菓子をよくかき混ぜ，それを乾(かわ)いた試験管に入れて，試験管の口をやや下げながらガスバーナーで加熱する。
② 反応が終わったら，ぬれぞうきんの上に置き，試験管が十分に冷えてから，できた物質を取り出す。
③ 取り出した物質を金属製の薬さじでこすって金属光沢(こうたく)を確認したり，電流が流れることを確認したりしてみよう。

2. 二酸化炭素の還元

問い
　二酸化炭素（CO_2）から酸素原子を引きはなし，炭素（C）を取り出すには，どうしたらよいでしょうか。どんな器具を使っても，どんな物質を使ってもよいこととします。

　酸化銅に炭素を混ぜ合わせて熱すると，酸化銅が還元されて銅になり，炭素が酸化銅から引きはなした酸素原子と結びついて，二酸化炭素ができました。炭素のほうが銅よりも酸素原子と結びつきやすいため，銅が炭素によって還元されたのです。
　二酸化炭素から酸素原子を引きはなす場合も，炭素よりも酸素原子と結びつきやすい物質を混ぜ合わせて熱するとよいのです。炭素よりも酸素原子と結びつきやすい物質には，銀白色の金属であるマグネシウム（Mg）があります。

実験　二酸化炭素をマグネシウムで還元してみよう

　二酸化炭素の中に点火したマグネシウムリボンを入れると，どのような変化が起こるか調べよう。

点火したマグネシウムリボンを二酸化炭素の入った集気びんの中に入れると，マグネシウムはまぶしい光を出しながら燃焼し続けます。燃焼が終わったあとに，燃焼したマグネシウムリボンを見ると，白色の酸化マグネシウムができると同時に，酸化マグネシウムの表面に黒い炭素ができていることが確認できます。

　マグネシウムは，熱すると酸素原子と激しく化合する性質をもっている金属です。そのため，マグネシウムが二酸化炭素の分子をつくっている酸素原子を引きはなして酸化マグネシウムになり，二酸化炭素を炭素に変えたのです。つまり，マグネシウムは酸化して酸化マグネシウムになり，二酸化炭素は還元されて炭素になったのです。

図4　二酸化炭素中でのマグネシウムの燃焼と燃焼後の生成物

　このときの化学変化は，次のようになります。

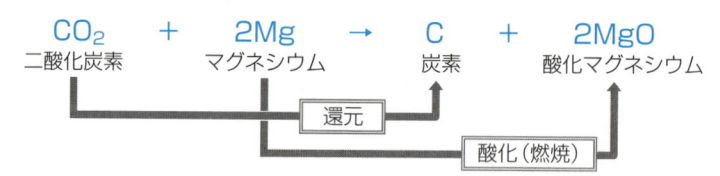

$$CO_2 + 2Mg \rightarrow C + 2MgO$$
二酸化炭素　　マグネシウム　　炭素　　酸化マグネシウム

還元／酸化（燃焼）

図5　二酸化炭素のマグネシウムによる還元

3. 水の還元

　酸化銅を熱して水素の中に入れると，酸化銅が還元されて銅になり，水素が酸素原子と結びついて水ができました。水素も炭素と同じように，銅よりも酸素原子と結びつきやすい物質です。では，酸素と結びつきやすいマグネシウムを熱して水の中に入れたら，水の分子をつくっている酸素原子を引きはなして燃焼し続けるのでしょうか。

実験　水をマグネシウムで還元してみよう

沸騰したビーカーの水に点火したマグネシウムリボンをゆっくりと近づけると，どのような変化が起こるか調べよう。

　点火したマグネシウムリボンを沸騰した水にゆっくりと近づけると，水面近くでマグネシウムが激しく反応し，なかなか水中に入りません。これは，水面近くでマグネシウムと水の気体である水蒸気が反応しているからです。このとき，マグネシウムは水蒸気（水）の分子をつくっている酸素原子を引きはなして酸化マグネシウムになります。水蒸気（水）は酸素原子が引きはなされて水素になります。つまり，マグネシウムは酸化して酸化マグネシウムになり，水は還元されて水素になったのです。

　このときの化学変化は，次のようになります。

$$H_2O + Mg \rightarrow H_2 + MgO$$

水　　マグネシウム　　水素　　酸化マグネシウム

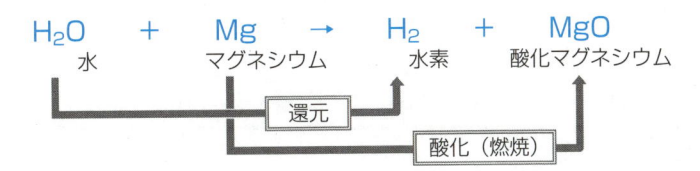

（H₂O→H₂：還元／Mg→MgO：酸化（燃焼））

図6　水のマグネシウムによる還元

　この実験で，水が還元されてできた水素は，その場で燃焼して再び水に変わります。水面近くでは，マグネシウムの燃焼と水素の燃焼が同時に起こっているのです。実験のとき，点火したマグネシウムを思い切って水の中に入れると，マグネシウムの火が消えてしまいます。これは，水の中に入れるとマグネシウムが急激に冷えてしまうからです。

（問題）　これまでの実験から，銅・マグネシウム・炭素・水素を酸素原子と結びつきやすい順番に並べると，どんな順序になるでしょうか。

4. 金属の利用

　地球の表面をおおっている地殻には，いろいろな金属の化合物が鉱石として存在しています。人類は，はじめは自然にある単体の金属を利用していましたが，やがて還元を中心とした化学変化を使って，物質資源である鉱石から単体の金属を取り出すようになりました。

　金属の利用の歴史は，金属の還元の歴史ともいえます。

【金属の発見とその利用の歴史】

　人間が最初に道具をつくるために利用した金属は，銅であると考えられています。紀元前7000年よりも昔から銅が使われていました。最初は自然界にある銅のかたまりをたたいて変形させ，銅製の道具をつくったと思われます。

　紀元前3500年ごろ，人類は銅よりもかたく，さびにくい青銅（銅にスズなどが混じっている）を発見しました。青銅は，銅をふくむ鉱石とスズをふくむ鉱石をいっしょに還元することによって得られます。これにより人類は青銅器時代をつくりあげました。

　紀元前1500年ごろになり，鉄鉱石から還元によって鉄を取り出す技術が登場しました。これは，とても難しい技術です。しかし，鉄を使うと，銅や青銅でできたものよりもずっとじょうぶな農具や武器をつくることができます。そのため，人類は鉄を利用しようと，さまざまなくふうをしてきました。鉄と酸素の結びつきは銅と酸素の結びつきよりもずっと強く，鉄を還元するためには，銅のときよりもはるかに高い温度で熱する必要があります。最初の鉄づくりでは，鉄鉱石（酸化鉄）と木炭（炭素）をいっしょに燃やすことで，酸化鉄を還元していました。熱してやわらかくなった鉄をたたき，道具や武器の形にしたのです。

　日本では，砂鉄を原料にして高品質の鉄をつくる「たたら製鉄」とよばれる独自の伝統技術が発展しました。

　1500年ごろから溶鉱炉を使って鉄を取り出す技術が登場します。溶鉱炉

の中に鉄鉱石を入れ，鉄がとけるような高温で加熱し還元します。とけた鉄を鋳型に流しこむことで，さまざまな形の鉄をつくったのです。高温にするため，大きなふいご（空気を送りこむ装置）を水車の力で動かしました。木炭をつくるための木と機械を動かすための水力が必要なので，このころの製鉄は森と川の近くでおこなわれていました。

1800年代には，木炭のかわりに石炭からつくられたコークスを利用する技術が開発され，水力のかわりに蒸気機関も利用されるようになり，大規模な鉄の生産が始まりました。このような鉄の大量生産は，社会を大きく変えていくことになりました。

私たちは，さまざまな金属を発見し，それを利用することで文明を大きく進歩させてきました。現在でも，鉄を中心にアルミニウムやチタンなど，いろいろな金属があらゆる場所で利用されています。

トライ　酸化鉄から鉄を取り出してみよう

混合した酸化鉄とアルミニウムを反応させると約3000℃という高温になり，次の反応が起こって鉄が出てくる。この反応をテルミット反応という。この反応を用いて酸化鉄から鉄を取り出してみよう。

　　酸化鉄　＋　アルミニウム　→　鉄　＋　酸化アルミニウム

① 大きさのちがうろ紙2枚を折り，大きいほうの先を切って直径約5mmのあなをあける。小さいほうを大きいほうの中に重ねて入れる（外側になる大きいほうのろ紙を，水で少しぬらしておくと安全である）。

② 乳ばちでよく混ぜた酸化鉄の粉末とアルミニウムの粉末を①のろ紙に入れ，マグネシウムリボン数cmを立てる。

③ ろ紙の下には，水を入れて厚紙をしいたビーカーを置いておく。

④ マグネシウムリボンに点火する。激しい反応が起こり，とけた物質が下のあなから落ちる。

⑤ 流れ落ちたものが冷えたら取り出して金づちでたたき，紙ヤスリでこすってから，鉄かどうかを確認する。

（図中ラベル）
- マグネシウムリボン
- ろ紙
- テルミット（酸化鉄の粉末とアルミニウムの粉末をよく混ぜたもの）
- 水
- 厚紙

【金属資源の利用と私たちのくらし】

　鉄は人類の歴史の中でいちばんたくさん使われてきた金属です。世界で年間7億t以上の鉄が生産されています。私たちが使っている鉄鋼材料は鉄に炭素がふくまれているものです。ふくまれている炭素の量がふえると，鉄はかたくてもろくなります。炭素量を調節することで，用途に応じた鉄鋼材料をつくることができます。

　鉄は酸化物としても利用されています。鉄の酸化物であるフェライトは強い磁石です。スピーカー，小型の発電機，ビデオテープの読み取り装置など，いろいろなところに使われています。

　アルミニウムは強くて鉄よりも軽いので，航空機，自動車，鉄道車両，船にアルミニウム合金として利用されています。また，清涼飲料水の缶，やかんやなべといった調理器具，アルミニウムはくなど私たちの生活でも目にする金属です。

　地殻に存在する鉱石の量には限りがあります。鉄やアルミニウムは比較的たくさんありますが，これからも毎年同じ量をほり続ければ200年ほどでなくなってしまうと考えられています。地殻の中に少ししかない金属や，鉱石から取り出すのがとても難しい金属の中には，50年たらずでほりつくされてしまいそうなものもあります。

　私たちが今の生活を維持するためには，鉱石などの物質資源を有効に利用することが大切です。

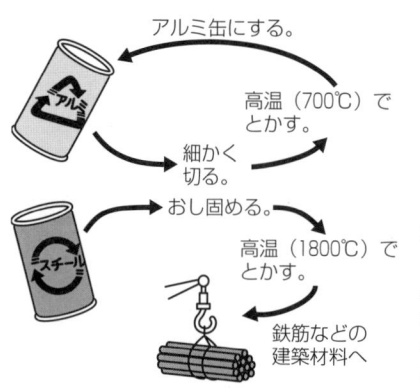

図7　物質資源（金属）のリサイクル
　使用済みのアルミ缶やスチール缶をリサイクルすることで，物質資源を有効に利用することができる。特にアルミニウムは，鉱石からつくった場合の $\frac{3}{100}$ の電気エネルギーでリサイクルができるため，省エネルギーにもつながる。

科学コラム

資源リサイクル

　限りある天然の資源をいつまでも使い続けるには，どのようなくふうをしたら良いでしょうか。

　天然資源には，石油，石炭，鉄鉱石などのように使えばなくなってしまうものと，森林や漁業資源のように使い方しだいではいつまでももつものとがあります。しかし，森林や漁業資源であっても，無計画な伐採や，魚の乱獲などが行われると荒廃し，容易に再生ができなくなると考えられます。その利用のしかたによっては資源全体の量を減らすことになりかねないのです。そこで，森林や漁業資源のように再生可能な資源では，使いすぎに注意しながら利用することが重要になります。加えて，森林の病害虫を駆除したり，稚魚の放流をしたりと，資源を積極的に増やす努力をすれば，将来も十分な量を保っていくことができるでしょう。

　それに対して，大自然が何億年もの時間をかけてためてきたものである石油や鉄鉱石などの資源は，私たちの寿命と比べて圧倒的に長い時間をかけなければ再生することはできません。

　なかでも，電線などに使われる銅，鉄をさびにくくする亜鉛やニッケル，めっきやLSI（集積回路）に使われる金などの金属は，埋蔵量の少ない資源で，あと数十年で枯渇してしまうだろうと心配されています。こうした資源では，これから新しい鉱脈を探して掘り出し，これまでと同じように利用していくことには限界があるのです。そこで，ゴミとして捨てられる金属製品から金属を再利用することが重要になってきました。資源リサイクルという考え方です。

　資源リサイクルは，アルミ缶のリサイクルなどに比べるとわかりにくいのですが，すでに始められています。たとえば，廃棄されたパソコンを処分する際，中から有用な金属を含む部品をはずし，再利用にまわす取り組みなどです。電気製品の中にも貴重な金属は使われています。廃棄物はそのままでは環境を汚染するものですが，見方を変えれば資源となるものもあるのです。

　新しい製品開発に当たって，将来ゴミとして捨てられる際に，資源リサイクルを簡単に行えるように考えて設計されるものも増えてきました。

第3節　化学変化で質量は変化するか

1. 化学変化と質量

　氷がとけて水になるとき，体積は小さくなりますが質量は変わりません。物質の状態変化では，質量の変化は起きないのです。

問い　物質の化学変化が起きた場合には，全体の質量はどうなるでしょうか。

【炭素が燃焼するときの質量の変化】　フラスコに火のついた炭素（木炭など）を入れ，燃焼の様子を観察してみましょう。

　炭素が燃えると，真っ赤になってしだいに小さくなっていき，ついにはなくなってしまいます。このとき，炭素はフラスコ内の空気中の酸素と結びついて二酸化炭素になります。本当に二酸化炭素ができているかどうかは，石灰水を入れることによって確かめることができます。

　では質量はどうでしょうか。フラスコの口があいていれば，フラスコの口から空気や二酸化炭素の出入りが起こるので，木炭が燃える前後で質量がどのように変化したのかを調べることはできません。そこでフラスコを密閉した状態で木炭を燃焼させ，質量の変化を調べてみましょう。

実験　**密閉した容器中で炭を燃やす**

　密閉した容器内で炭を燃焼させ，反応前後の質量を調べよう。反応後の質量は反応前と比べてどうなるだろうか。

　ア　変わらない
　イ　ふえる
　ウ　減る

フラスコの底をガスバーナーで加熱して木炭を燃焼させる。
木炭の姿が見えなくなったら，質量をはかり，反応前の質量と比べる。

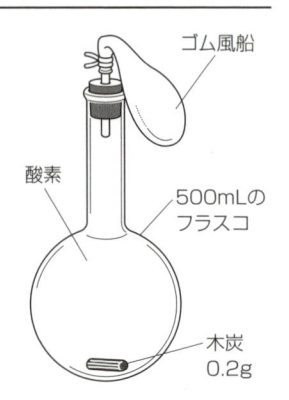

（図：ゴム風船，酸素，500mLのフラスコ，木炭0.2g）

　空気や二酸化炭素が出入りしないようにフラスコの口を閉じて木炭を燃焼させてみると，燃焼の前後で質量は変わらないことがわかります。

【金属が燃焼する反応での質量の変化】

スチールウールを燃焼させた場合は，質量はどうなるでしょうか。

せんをしないフラスコ内でスチールウールを燃焼させたときは，反応後のフラスコ全体の質量は反応前よりふえています。これは，フラスコの外から空気が入ってきて，空気中の酸素が鉄と結びついたためです。

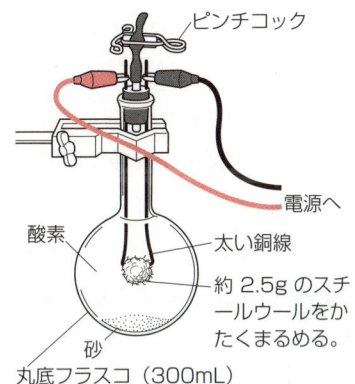

一方，フラスコを密閉したときの質量の変化を調べると（図1），フラスコ全体の質量は変化しません。

このことから，鉄の燃焼でも，空気中の酸素もふくめて考えれば，反応の前後で物質全体の質量は変わらないことがわかります。

図1 密閉した容器内でのスチールウールの燃焼の実験

【気体が発生する反応での質量の変化】

化学変化によって気体が発生する場合は，質量はどうなるでしょうか。

石灰石（炭酸カルシウム）に塩酸を加えると，石灰石は溶け，二酸化炭素が発生します。このとき化学反応式は次のようになります。

$$CaCO_3 + 2HCl \longrightarrow CO_2 + H_2O + CaCl_2$$

石灰石　　塩酸　　　　二酸化炭素　　水　　塩化カルシウム

……石灰石と塩酸の反応による二酸化炭素の発生

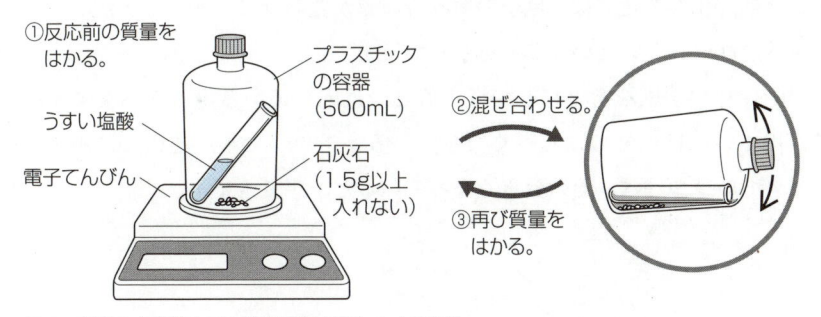

図2 密閉した容器内で二酸化炭素を発生させる実験

ふたをあけて容器の外と気体の出入りが可能なようにして反応させると，二酸化炭素が空気中ににげるので，その分だけ質量が減ります。

一方，容器を密閉して，発生した二酸化炭素が外ににげないようにすると（図2），反応の前後で物質全体の質量は変わりません。

このことから，気体が発生する反応でも，反応の前後で物質全体の質量は変わらないことがわかります。

【沈殿を生じる反応での質量の変化】　化学変化によって沈殿が生じる場合は，質量はどうなるでしょうか。

硫酸銅水溶液に塩化バリウム水溶液を加えると白色の沈殿ができます。このとき，化学反応式は次のようになります。

$$CuSO_4 \ + \ BaCl_2 \ \longrightarrow \ BaSO_4 \ + \ CuCl_2$$
　　硫酸銅　　塩化バリウム　　硫酸バリウム（白色沈殿）　塩化銅

　　　　　……硫酸銅と塩化バリウムの反応による白色沈殿の生成

現れた沈殿（硫酸バリウム）の分だけ質量が増えていそうですが，この場合も，反応の前後で物質全体の質量の変化は起こりません。

2. 質量保存の法則

いろいろな化学変化で見てきたように，反応にかかわった物質全体の質量は反応の前後で変化せず，保存されます。これを**質量保存の法則**といいます。

これは，化学変化では，原子の組み合わせが変わりますが，原子がふえたり減ったりはしないということを示しています。

質量保存の法則をもとにして考えると，反応している場所からなにか物質が出ていけば，そのぶん軽くなっていると予想ができ，逆になにかが入ってきて結びつけば，その分重くなっていると予想できます。

3. 成分比一定の法則

マグネシウムの粉末をステンレスの皿に広げて空気中で熱すると，燃焼して白色の酸化マグネシウムになります。いろいろな質量のマグネシウムの粉末を燃焼させて調べると，はじめのマグネシウムの質量と燃焼後の酸化マグネシウムの質量の比は，いつも3：5になります。

例えば，3gのマグネシウムが5gの酸化マグネシウムになるわけです。このとき化合した酸素の質量は5g－3g＝2gになります。つまり，酸化マグネシウムの成分の質量の比は，マグネシウムと酸素が，3：2になります。

このように，化合物の成分は決まった質量の比をもちます。これを成分比一定の法則（定比例の法則）といいます（1799年，プルーストによって発見されました）。水の成分は水素と酸素が1：8，二酸化炭素の成分は炭素と酸素が3：8の質量の比です。

問い 酸化マグネシウムは，マグネシウム原子と酸素原子が何個ずつの割合で結びついているでしょうか。P.21 表1の原子量から考えてみましょう。また，水についても同様に考えましょう。

マグネシウムの原子量は24，酸素の原子量は16です。つまり，マグネシウム原子1個と酸素原子1個の質量の比は24：16＝3：2になっています。この質量の比は，マグネシウム原子と酸素原子の個数が等しいときは，いつも同じです。

一方，マグネシウムと酸素を実際に化合させると，上の例のように3gと2gが化合しますが，この質量の比は，原子量の質量比と同じ3：2になっています。このことから，酸化マグネシウムは，マグネシウム原子1個と酸素原子1個の割合で結びついてできていることがわかります。

問題 硫黄蒸気と銅が化合した硫化銅は，硫黄1：銅4の質量比です。銅原子と硫黄原子が何個ずつの割合で結びついているでしょうか。

科学コラム

モルは便利

　原子1個の質量はとても小さいのですが，ばく大な数を集めれば私たちが実感できる質量になります。

　いちばん軽い原子である水素原子は，6×10^{23} 個集めれば，やっと1gになります。ほかの原子の場合は，原子量が水素の何倍であるか（P.21 表1参照）を調べると，6×10^{23} 個集めたときの質量が何gになるかわかります。

　この 6×10^{23} という数字をアボガドロ数といいます。

　例えば，酸素原子なら，原子量は水素の16倍あるので，アボガドロ数個集めれば16gになります。

　どんな原子も，アボガドロ数個集めた分量をその原子の1モルといいます。原子だけではなく，分子などのアボガドロ数個の分量も1モルです。

　モルの考え方は，鉛筆を12本集めて1ダースとするのに似ています。また，八百屋では，よく野菜を「一盛り」いくらで売っていますが，「モルは"盛る"」と同じだと考えると覚えやすいかもしれませんね。

　モルの考えは，具体的にどんなときに便利なのでしょうか。

　例えば，水素と酸素を混ぜたものに点火し，大きな爆発が起こるときを考えましょう。化学反応式は次のようになります。

　　$2H_2 + O_2 \rightarrow 2H_2O$

これは2個の水素分子と1個の酸素分子から2個の水分子ができる反応です。しかしこれだけでは本当にそのような数の割合で反応したのか私たちは実感できません。

　これをモルを使って考えてみます。水素分子が2モル（アボガドロ数の2倍）あったとしましょう。水素原子では4モルあり，質量では4gであるとわかります。これと反応する酸素分子は1モルです。酸素原子では2モルあり，原子量の知識から，質量では32gであるとわかります。

　このように，モルの考えを使えば，化学反応式と原子量の知識から，物質何gどうし（あるいは何Lどうし）で反応するかがわかり，実験で確かめることができるのです。

第4節　いろいろな化学変化

1. 有機物の燃焼

ここでは家庭用燃料の一種であるプロパンなどを例に，有機物の完全な燃焼と，不完全燃焼の化学変化について考えましょう。

プロパンの分子は図1のような形をしていて，化学式は C_3H_8 です。

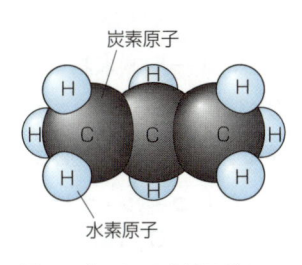

図1　プロパンの分子モデル

【完全な燃焼】　一般に有機物の燃焼では，有機物と酸素との間で原子の組みかえが起こり，二酸化炭素と水ができます。プロパンの場合には，次のような化学変化が起こります。

$$C_3H_8 + 5O_2 \longrightarrow 3CO_2 + 4H_2O \quad \cdots プロパンの燃焼$$

　　プロパン　　酸素　　　　二酸化炭素　　水

上の式のように有機物を完全に燃やしつくすには，十分な量の酸素が必要です。つまり，プロパンと酸素の数の比が 1：5 か，それ以上になるように酸素を供給しなければなりません。酸素は，新鮮な空気の中に20％の割合でふくまれていますから，プロパンに対して5倍の酸素を供給するには，新鮮な空気をプロパンの25倍必要とするということになります。

> **問い**　十分な酸素とともに有機物を燃やしたとき，二酸化炭素と水の両方ができることを確かめるにはどうしたらよいでしょうか。

【不完全燃焼】　もし，酸素の量が不足すると，いわゆる不完全燃焼になります。このときは二酸化炭素と水のほかにさまざまな物質ができますが，とりわけ猛毒の一酸化炭素ができやすくなり危険です。

有機物中の炭素 2C　→（+ O_2 酸素）→　一酸化炭素 2CO　→（+ O_2 酸素）→　二酸化炭素 $2CO_2$

一酸化炭素も炭素と酸素の化合物ですが，まだ酸素と化合する能力をもっているので，燃える気体です。

【アルコール・木材の燃焼】　アルコール，木材などは，分子の中に酸素もふくんでいる有機物です。しかしよく燃やすには，やはり十分な量の新鮮な空気（酸素）が必要です。

| アルコール・木材など (C, H, O) | ＋ | 酸素 (O_2) | → | 二酸化炭素 (CO_2) | ＋ | 水 (H_2O) |

あまりたくさんの空気をあたえないように注意して木材を燃やすと，炭素の部分が燃えずに残るので，炭（木炭）をつくることができます。これも一種の不完全燃焼といえます。

| 木材 (C, H, O) | ＋ | 不十分な量の酸素 (O_2) | → | 炭（木炭） (C) | ＋ | その他の物質 |

2. 金属のゆるやかな酸化 —さび—

問い　鉄でできた柱やさくにペンキをぬるのは，色をつけるだけでなく，さびを防ぐという目的もあります。ペンキをぬるとさびにくくなるのはなぜでしょうか。

鉄柱やさくばかりではなく，鉄製の道具も長い間放置すると，さびてきます。特に湿気の多いところでは，さびはよりはやく進行するようになります。また，冬に多量の融雪剤（主成分は塩化カルシウム）をまく地方や，海辺の地方では，一般に自動車の耐用年数が短いことから，塩分もさびの進行をはやめるはたらきをすることがわかります。いったんさびると金属の性質が失われるので，もろくなってしまいます。

鉄が空気中の酸素と少しずつ化合したり，湿気（水蒸気）と反応したりしてできる物質が「さび」です。さびた部分は鉄が酸化された状態ということができます。鉄のさびは，各種の酸化された物質が混じり合ったものです。

| 鉄 (Fe) | ＋ | 酸素や水 (O_2, H_2O) | → | 酸化鉄 (Fe_2O_3 ほか) | ＋ | その他の物質 |

そのほかに，緑青とよばれる名前のとおり緑色をした銅のさびも，お寺

などの建物に見ることができます。

さびは，金属の表面が主に空気中の酸素や水分とふれ合うことで進んでいきます。大事な金属製品，金属製構築物などをさびから守るためには，金属の表面に空気にふれないように保護する膜（保護膜）をつくればよいことになります。鉄でできた柱やさくにペンキをぬるのは，鉄の表面をおおったペンキの膜が，鉄の表面に湿気や空気がふれないように保護するからです。

さびはまた，食塩などの塩分が付着したり，2種類の金属が接しょくすることによっても生じやすくなります。

問い 次の方法は，金属をさびから守るために有効でしょうか。
ア　金属表面に塗料をぬる。
イ　金属表面に油膜をつける。
ウ　金属表面にプラスチックのシートをはる。
エ　めっきをする。
オ　金属表面に酸化被膜をつける。

ア〜オはいずれもさびを防ぐのに有効な方法です。ペンキなどの塗料をぬる方法は手軽ですが，年月がたつにつれて劣化してくるので，塗料の耐久性も考えておかなければなりません。自動車にはじょうぶな塗装がほどこされていますが，ワックスがけを定期的に行うなどの補強をすれば，より長もちします。プラスチックシートをはる，めっき（別の金属で表面をおおうこと）する，黒さびなどの酸化被膜をつけるなどの方法は，より強い保

表1　さび防止に使われる保護膜とその素材

保護膜	素材
プラスチックシート	ポリエチレン，ポリウレタン
めっき	亜鉛（トタン）[※2]，スズ（ブリキ）
酸化被膜	酸化鉄（黒さび），クロム酸化物（ステンレス）[※3]，酸化アルミニウム（アルマイト）
その他	テフロン加工（フライパン）

※1　黒さび（主に Fe_3O_4）は，非常にち密なので，いったん表面が黒さびでおおわれると，それ以上さびが進行しない。
※2　トタンは，表面で亜鉛が酸化することで，内部の鉄が酸化するのを防ぐ。
※3　ステンレスとは，英語で「さびない（stainless）」という意味である。

護膜で金属の表面をガードします。

> ### 科学コラム
>
> **アルミサッシがさびないわけ**
>
> 　住宅やビルの窓には，アルミサッシが多く使われています。アルミニウムは軽いうえに，やわらかくて加工が簡単だという理由で，貨物自動車の荷台や，鉄道車両の車体としても使われるようになりました。1円玉もアルミニウムでできています。
>
> 　アルミニウムは，金とはちがって鉱山から直接ほり出すことはできません。ボーキサイトという赤みがかった土のかたまりや岩石の形で産出しますが，ボーキサイトの鉱床は日本にはなく，オーストラリア，アフリカ，南米などから輸入されています。
>
> 　このボーキサイトを熱してとかし，大量の電気を使って分解して，アルミニウムをつくっているのです。こうしてできたアルミニウムは純度が高く，純度99.99％以上のものも得られます。家庭用アルミニウムはくは，99.0％以上の純度があります。アルミニウムは，空気中では酸素と化合しやすく，すぐに酸化被膜ができます。
>
> 　アルミニウムの表面にできる酸化アルミニウム被膜には，酸素や水分を通さない性質があるので，表面に被膜がつくと，内部のアルミニウムが保護されます。これは，黒さびが鉄の道具をさびから守るのと似ています。
>
> 　この酸化被膜を分厚くする技術（アルマイト加工）が，1923年に日本の理化学研究所で発明されました。高温高圧の水蒸気をふきつけたりして，アルミニウムの表面を厚くてじょうぶな酸化アルミニウムの膜でおおうことに成功したのです。この膜のおかげで，アルミニウム製品は，いつまでもじょうぶできれいな状態で使われるようになりました。
>
> 　アルミニウムに銅やマグネシウムなどを混ぜてつくられた合金は，軽いうえに強度が非常に大きく，腐食にも強くなります。この合金はジュラルミンとよばれ，航空機の機体などにたくさん使われています。

3. 使い捨ての携帯カイロはなぜ温かくなるのか

　使い捨ての携帯カイロは使う前に，必ず外ぶくろを破ります。どうして外ぶくろを破ると温かくなるのでしょうか。

携帯カイロの主成分は鉄の粉です。この鉄の粉が空気中の酸素にふれると，酸化して赤い酸化鉄になります。この酸化のときに熱を発生するので，カイロとして使うことができるのです。この酸化は一度きりで，一度使った携帯カイロはもう熱が出ることはありません。

スチールウールは火をつけないと，熱を感じるほどはやく酸化したりはしません。同じ鉄製の携帯カイロは，どうして空気にふれただけで酸化してしまうのでしょう。これは鉄の表面積の大きさにかぎがあります。鉄が空気中の酸素と出合うためには，鉄と酸素がふれ合う場所が必要になります。つまり，鉄の表面積を大きくしてやれば，酸素とふれ合いやすくなるのです。鉄の粒子が細かいほど表面積が大きくなり，鉄は酸素と出合いやすくなり，酸化されやすくなります。非常に細かい鉄の粉にしてしまえば，空気中に出すだけで自然発火するようになります。

私たちが日ごろ見ている机やいすなどの鉄製品も，じつは空気中の酸素と出合って酸化を起こしています。ただ，さび止めの塗料がぬってあったり，鉄製品の表面だけで酸化したりしているので，酸化はきわめてゆっくりで，発熱が非常に少ないために気づかないだけなのです。

実験　使い捨てカイロづくり

① 事務用封筒を切ってつくったふくろの中で活性炭と鉄粉をよく混ぜ合わせ，そこに食塩水を加える。※ 急激に温度上昇が起こるので，さらに紙ぶくろに入れ，2重にするなどしてやけどしないようにしよう。

② ある程度反応が進んでから，密封できるポリエチレンのふくろに入れて封をすると，反応に必要な酸素が供給されなくなるので，しだいに温度が下がってくる。

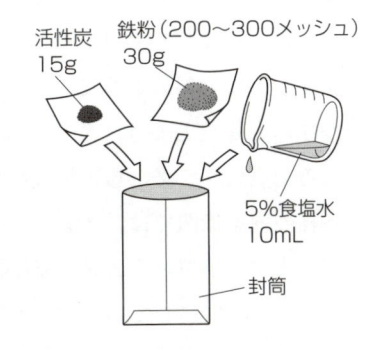

活性炭 15g　鉄粉（200〜300メッシュ）30g　5%食塩水 10mL　封筒

※ 食塩水にはこの反応を進めるはたらきがある。活性炭は食塩水の保持のために使う。鉄粉の細かさと食塩水の量を調節すると，やけどをしない程度の温度上昇が得られる。古い鉄粉では発熱しにくいことがある。

4. 燃料を燃焼・爆発させて走る自動車

　バイクや自動車に積まれているエンジンは，シリンダーの中で燃料を爆発させて，その爆発の力でピストンを動かすもので，内燃機関とよばれます。それに対して蒸気機関は石炭や重油を燃やすボイラーで発生した熱でお湯をわかし，高圧の水蒸気をシリンダーに送ってピストンを動かすものです。外部ボイラーで水を加熱するので外燃機関といいます。原子力発電所でも同様に，核分裂のエネルギーで高圧の水蒸気をつくり，発電機を回す動力にしているので，蒸気機関の応用例になります。

　内燃機関は蒸気機関と異なり，水蒸気を発生させる装置は必要としません。そのため小型で，かつ状況に応じてすばやく出力のコントロールができるので，動力として広く使われています。私たちが使う自動車のエンジンには，ガソリンエンジンとディーゼルエンジンがありますが，どちらもこの内燃機関なのです。

　それでは，燃料を爆発させるにはどのような条件が必要でしょうか。

　灯油ストーブは，灯油と空気中の酸素の激しい反応（燃焼）で発生する熱を利用しています。ストーブのしんのまわりでは，少しずつ気化した燃料が連続的に燃えています。一方，一瞬のうちに燃料が燃え，急激に体積が膨張するのが燃料の爆発です。気化させた燃料と新鮮な空気をよく混合し，圧縮すると爆発しやすくなります。ガソリンエンジンでは，十分圧縮したところで点火プラグから電気火花をとばして爆発させます。

　各種の内燃機関では，エンジンの大きさや使いみちによって燃料を使い分けています。小型エンジン，特に模型のラジコンなどではアルコール（メタノール）を燃料にしています。トラックや建設機械，鉄道の気動車，小型船では軽油を，大型船では重油を燃料として動力を得ているのです。また，灯油とほぼ同じ成分の物質が，ジェット機の燃料として用いられています。

> **トライ** **アルコール爆発**
>
> ① スチール缶の上部を丸くくりぬく（切り口に注意）。側面の下のほうに 5mm くらいのあなを 1 つあける（点火口）。
> ② スチール缶にエタノールを霧ふきで 2 回ほど噴射する。
> ③ 上部に紙コップを強くさしこむ。
> ④ 缶を机の上に置き，側面の点火口にマッチを近づけ点火すると，コップがとび上がる。
>
> **✕危険** 爆発後は缶が熱くなっており，また残り火があることがあるので，すぐのぞいたりさわったりしない。やけど，火災に注意すること。

5. 酸とアルカリの反応※1

> **問い** 塩酸 HCl と水酸化ナトリウム NaOH 水溶液を混ぜ合わせて中性にすると，塩 NaCl ができました。この変化を化学反応式で表してみましょう。

　塩酸中にマグネシウムリボンを入れて水素が発生しているところへ，水酸化ナトリウム水溶液を加えていくと，水素の発生がだんだんおさえられ，ついにはほとんど出なくなります。また，BTB 溶液などの pH 指示薬を入れた酸の水溶液に，アルカリの水溶液を少しずつ加えていくと，しだいに酸性から中性に変化することがわかります。酸の性質がアルカリによって打ち消されたことになります。このように，酸とアルカリが互いの性質を打ち消し合うことを**中和**（中和反応）といいます。中和が起こると酸でもアルカリでもない新しい物質，**塩**ができます。※2 中和も化学変化の 1 つであるといえます。

　中和について，化学式を使って考えてみましょう。
　酸のなかまは，塩酸 HCl，硫酸 H_2SO_4 など必ず水素原子 H をふくんでいま

※1　酸とアルカリの反応については第 6 章第 4 節で詳しく学習する。
※2　塩は，中和反応からだけでなく，金属と酸との反応でもできる。金属と酸が反応すると，塩と水素ができる。生成した塩には，水に溶けるものと溶けないものとがある。また，塩の水溶液はすべて中性とは限らず，酸性やアルカリ性のものもある。

す。また，アルカリのなかまは，水酸化ナトリウム NaOH，水酸化カルシウム Ca(OH)$_2$ など，OH をふくんでいます。酸とアルカリが中和して，互いの性質を打ち消し合うとき塩ができましたが，そればかりではありません。酸の H とアルカリの OH が結びついて，H$_2$O，つまり水もできています。

　では，中和反応を化学反応式でかいてみましょう。まず，塩酸と水酸化ナトリウム水溶液から塩化ナトリウムができる反応です。酸の H とアルカリの OH が結びついて H$_2$O ができます。そして残った Na と Cl はそのまま水溶液中に溶けています。そうすると，ちょうど食塩水（塩化ナトリウム水溶液）と同じことになります。中和後の水溶液を濃縮すると，塩化ナトリウム（NaCl）の結晶が姿を現します。

$$\text{HCl} + \text{NaOH} \longrightarrow \text{H}_2\text{O} + \text{NaCl}$$
　　塩酸　　水酸化ナトリウム　　　水　　　塩化ナトリウム
　　　　　　　　……塩酸と水酸化ナトリウムの中和反応

　次にうすい硫酸（希硫酸）と水酸化バリウム水溶液の中和の場合です。今度は硫酸には H が 2 個，水酸化バリウム Ba(OH)$_2$ には，OH が 2 個あることに注意しましょう。それらが結びついてできる H$_2$O も 2 個になりますね。このときにできる硫酸バリウム BaSO$_4$ という塩は水に溶けにくいので，すぐに白い沈殿になってしまいます。硫酸バリウムは胃のレントゲン撮影のときに飲む，造影剤に使われています。

$$\text{H}_2\text{SO}_4 + \text{Ba(OH)}_2 \longrightarrow 2\text{H}_2\text{O} + \text{BaSO}_4$$
　　硫酸　　水酸化バリウム　　　水　　　硫酸バリウム
　　　　　　　　……希硫酸と水酸化バリウムの中和反応

　今度はうすい硝酸（希硝酸）と水酸化バリウム水溶液ではどうなるでしょう。硝酸 HNO$_3$ には H が 1 個しかありませんが，水酸化バリウムでは OH は 2 個です。このように H と OH の数が合わないときは，少ないほうの物質の化学式を 2 倍（必要なら 3 倍，4 倍）にします。そうするとできてくる H$_2$O も 2 個です。残りは Ba と NO$_3$（2 個）なので，できてくる塩は硝酸バリウム Ba(NO$_3$)$_2$ です。

$$2HNO_3 + Ba(OH)_2 \longrightarrow 2H_2O + Ba(NO_3)_2$$
　　硝酸　　水酸化バリウム　　　　水　　　硝酸バリウム
　　　　　　　　　……希硝酸と水酸化バリウムの中和反応

　このような中和反応を行わせるとき，試験管をさわってみると温かくなっていることがわかります。外からは熱していないので，中和反応によって熱が発生したといえます。

科学コラム

胃薬のはたらき

　胃液の成分には塩酸がふくまれています。塩酸と聞くと，胃はとけたりしないのか心配になりますが，健康な胃は粘膜におおわれているので，胃液と接してもとけたりすることはありません。
　しかし胃潰瘍など，症状によっては一部粘膜がはがれて胃と直接胃液がふれ，痛みを感じることがあります。そこで胃液と中和して，酸の性質を打ち消す胃薬が使われます。そのような胃薬の成分は，炭酸水素ナトリウムや酸化マグネシウムといったアルカリ性の物質なのです。

---

6. 原子の循環

1. 原子は身近に存在している

　私たちの身のまわりには原子がたくさんあります。私たち自身のからだも原子の集まりです。私たち生物のからだは，じつは炭素，水素，酸素，窒素，リン，硫黄などの原子が組み合わさってできた化合物からできています。
　肉や植物のからだを空気をしゃ断して熱し続ければ，こげて炭になります。このことから，生物のからだには炭素がふくまれていることが予想できますね。以前，炭素の化合物を有機物とよぶことを学習しましたが，生物のからだも有機物のなかまなのです。
　私たち生物のからだだけが有機物なのではありません。給食の食材を見てみましょう。パンや牛乳などさまざまなものがありますね。水と調味料に使っている食塩以外はすべて有機物です。これらは，すべて動物や植物のよう

な生物のからだの一部であったり，生物のからだの中でつくられたものです。
2. 生物の体内に取り入れられた原子はどうなるの？
●化学変化によりエネルギーを取り出す
　私たちが食物を食べたあと，それらは胃腸などの消化器で小さく消化分解され，化学変化によって栄養分という形に変化し，からだの中に吸収されていきます。吸収された有機物，つまり栄養分は体温を保ったり，心臓などの筋肉を動かしたり，脳内の信号を伝えるのに使われます。このときもやはり，私たちは栄養分を酸化してエネルギーを取り出しているのです。

　また，みなさんは"リンゴ"の皮をむいてしばらく放置すると，リンゴの色が褐色に変化してくることを知っていますね。これは，皮をむいたことによって細胞が傷つけられ，細胞の中にふくまれている成分と空気中の酸素が結びついて色が変わっていく酸化の一種です。

　こうした現象は，酵素というタンパク質の一種の助けを借りて行われる化学変化です。この化学変化のことを酵素反応ということがあります。この酵素反応によって，私たち生物は栄養分として取り入れた有機物を効率よく上手に酸化して，生きるためのさまざまなエネルギーを取り出しているのです。

●からだをつくる
　こうして取り入れられた栄養分は，自分のからだをつくるためにも使われます。例えば，ウシが食べた植物は，消化分解され，ウシの体内に栄養分として吸収されます。この栄養分を素材にして，体内の酵素のはたらきで，からだをつくる肉や脂肪などとしてつくり変えたり，牛乳としてつくり変えたりする変化が起こります。私たち人間も同様に野菜や肉などを食べて体内に栄養分として取り入れ，さらに自分のからだをつくる筋肉などにつくり変えているのです。

【生物の間を移動する原子】　原子は，さまざまな生物の間を，化学反応によって組み合わせを変えながら移動しています。例えば，空気中の二酸化炭素は，光合成により植物のからだの一部（糖やセルロース）となり，それが草食動物の体内に移動し，さらに肉食動物の体内に移動していくのです。同様にさまざまな原子が，それぞれの生物の体内で化学変化によって

次々と組み合わせを変えながら，生きるために使われているのです。

3. 原子は世界をめぐる——地球と私たちとの間を行き来する原子——

　私たちの住んでいるこの地球や宇宙は，約100種類の原子が組み合わさってできています。原子でできていない物質はありません。生物も岩石も金属も，空気もなにもかもが1種類または2種類以上の原子が組み合わさった分子などでできています。原子や分子は化学変化によってさらに複雑な分子（高分子化合物）に変わっていきます。そのいくつかはタンパク質になって生物のからだをつくります。

　地球は約46億年前にできました。そのときに地球にあった原子の数は，現在とほとんど同じです。46億年の間には，物質は無数の化学変化を経て姿を変えてきましたが，物質を構成する原子自体は変化していないのです。ある原子は，マグマとして火山から噴出されて火成岩の成分となります。火成岩はけずられたり，風化したりしながら地面の一部となっていきます。地面にふくまれる物質の一部は水に溶け，養分として植物に取りこまれています。また，ある原子は二酸化炭素として植物に取りこまれて，水や水に溶けていた養分といっしょになり，植物のからだをつくるセルロースやタンパク質などの有機物に変わりました。できた有機物は食物連鎖によってほかの生物に食べられることで，ほかの有機物へ姿を変え，最後にはふんや尿などの排出物として体外に出されます。排出物は，ほかの生物のはたらきによって別の物質へと姿を変え，水といっしょに植物の養分として再び取りこまれます。このように，地球上の物質は姿を変えながら循環していますが，それは原子どうしがくっついたりはなれたりして組み合わせが変化することにほかなりません。原子の種類や総数はほとんど変わっていないのです。

　今，私たちが呼吸で吸いこんだ酸素やはき出した二酸化炭素の一部は，植物が光合成で吸収した二酸化炭素や排出した酸素と交換されています。植物がふえて二酸化炭素を酸素にどんどん変えてくれたおかげで，私たち動物も繁栄することができているのです。

　　※1　「生物」第6章でくわしく学習します。

4. 原子の循環をスムーズにするために

　こうして，物質を構成する原子は，私たちのからだの中だけではなく，地球上を循環しています。そして私たち生物は，地球から原子を借りることで，自分のからだをつくったり，呼吸したり，光合成をしたりしています。

　私たち人間がつくり出した機械や建築物なども，じつは地球にある原子を借りているにすぎません。ごみとして排出された廃棄物も，焼却処分すると主に二酸化炭素になります。今まで植物の光合成と動物の呼吸との間でバランスがとれていた二酸化炭素と酸素の循環ですが，文明が発達して人間社会から排出される二酸化炭素が急増すると，植物の光合成が間に合いません。このまま無秩序に人間が二酸化炭素を排出し続ければ，自然界の物質循環がとどこおってしまい，二酸化炭素が使われないまま，ふえすぎてしまうことが心配されています。

トライ　銅のゆくえを追ってみよう

　今まで学習したことを参考にして，銅をいろいろと化学変化させ，最後にもとの銅を取り出してみよう。

① 銅粉（Cu）を 0.5 g～1 g はかりとり，ステンレス皿の上でかき混ぜながら加熱する。だんだんと酸化し，黒色の酸化銅が得られる。

② 3 mol/L 硫酸（濃硫酸：水＝1：5で希釈したもの）を 30 mL 用意し，酸化銅を溶かす。溶けるにつれて，溶液の色が青くなってくる。

③ ここにスチールウールを入れてみよう。みるみるうちに，銅がまるで茶髪のように析出してくる。

注意
- 3 mol/L 硫酸 30 mL は，水 25 mL を入れたビーカー全体を氷水で冷やし，かき混ぜながら濃硫酸 5 mL をじょじょに加え調製する。
- 実験後に残った③の溶液はそのまま下水に流さないで，適切な処理をすること。
- 硫酸のかわりに 3 mol/L 塩酸（濃塩酸：水＝1：3で希釈したもの）でもできる。その場合は，溶液の色は「緑～黄色」になる。

問題　「トライ」①～③において，それぞれの化学変化でできた物質を化学式で表してみましょう。

科学コラム

溶解と化学変化

これまで学んできた砂糖水，塩化ナトリウム水溶液，アンモニア水，炭酸水などの水溶液では，溶媒である水を蒸発させてしまうと，砂糖や塩化ナトリウムが固体として出てきたり，アンモニアや二酸化炭素が気体として発生したりしてきました。砂糖水のような水溶液は混合物で，そこから溶媒である水分子をゆっくりと除けば，溶質の砂糖が純粋な物質として溶かす前の状態で姿を現したと考えることができます。

前ページの実験で，うすい硫酸に黒色の酸化銅を溶かしたときはどうだったでしょうか。溶けるにしたがい，青色の溶液に変わりました。また，うすい硫酸にマグネシウム片を加えると，気体（水素）を発生して溶けることもすでに学んでいます。ただ単に溶質と溶媒が混合しただけではなさそうです。溶け終わった溶液の成分を調べてみると，それぞれ硫酸銅，硫酸マグネシウムという塩の水溶液になっていることがわかります。

それぞれ，次のような化学反応式で表すことができます。

$$CuO + H_2SO_4 \longrightarrow CuSO_4 + H_2O$$
酸化銅　　硫酸　　　　　　硫酸銅　　　水

$$Mg + H_2SO_4 \longrightarrow MgSO_4 + H_2$$
マグネシウム　硫酸　　　　硫酸マグネシウム　　水素

これは，酸に何かを溶かす場合に限ったことではありません。マグネシウム片を沸とうしている水に触れさせたり（5章2節 酸化物の還元），金属のナトリウム片を水に入れても見ることができます。金属が水分子と反応して，水素を発生します。マグネシウムと水の化学反応式は，125ページで学習しましたが，ナトリウムはさらに水と反応しやすい金属で，冷水でも激しく水素を発生しながら溶けていきます。

ふつう，金属は原子が1個1個ばらばらになって水に溶けることはありません。上述のように水やうすい酸の水溶液に溶けるときには，酸化される化学変化をともないます（詳しくは次章，イオン性物質のところで学びます）。

砂糖水は単純な混合物でしたが，うすい酸があるとおもしろい化学変化を起こします。砂糖水を酸性にして熱します。すると，その溶液を濃縮しても，も

はや砂糖の白色結晶は出て来ずに，透明なシロップ状のものが残るようになります。そこへエタノールを加えて低温で放置すると，砂糖とは違う白い結晶が出てきます。これはブドウ糖（グルコース）という糖です。残りの溶液には果糖（フルクトース）という別の糖が含まれます。砂糖は，マグネシウムなどのように酸と直接反応することはないのですが，酸の効果によって水分子と反応して，ブドウ糖と果糖という二つの糖に分解したわけです。分解ですから，これも化学変化の一つと言ってよいでしょう。ブドウ糖も果糖も，その溶液を酸性にして加熱しても，それ以上別の糖に分解されることはないので，最も基本的な糖だと考えられます。

7. 化学変化で新しい物質をつくる

化学変化には分解と化合という，2つの重要な反応があることを学んできました。

私たちの身のまわりでは，例えば石けんをつくる反応は広い意味で分解です。動植物の油脂を，水と水酸化ナトリウムの力を借りて分解し，製造したものが石けんです。

このように現実に利用されている化学変化では，単純にある物質が2つ（以上）の物質に分解するようなものだけではなく，ほかの物質の力を借りているケースが多々あります。また，有機物の燃焼や中和反応のように，分解にも化合にも属さないタイプの化学変化もあります。

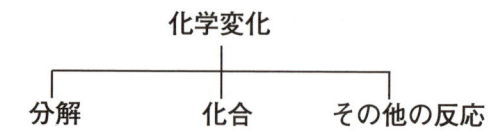

```
        化学変化
    ┌──────┼──────┐
   分解    化合   その他の反応
```

ここでは化学変化についての理解を深めるため，いろいろな視点から広く化学変化を考え，私たちのくらしと化学変化のかかわり合いについて，見ていくことにしましょう。

1. 化学変化の速さ

物質が燃焼するときは，光や熱が出てすぐに化学変化が終わります。それに引きかえ，金属のさびは長い間に少しずつ，少しずつ進行していきま

す。見ていても，少しも変化している様子はわからないでしょう。
　このように，化学変化には瞬時に終わるはやいものから，長い年月をかけて進行する，非常にゆっくりしたものまで，いろいろな速さのものがあります。
　化学変化する前の物質を反応物（これから反応する物質という意味），化学変化後の物質を生成物（化学変化で生成した物質という意味）とよぶことにすると，はやい化学変化では，どんどん反応物が減って，そのぶん生成物に変わります。そのため，一定時間ごとに反応物の減り方，または生成物のふえ方をはかることができれば，その変化の速さを表すことができます。

変化がはやい or おそい？

反応物1 ＋ 反応物2　　　　　生成物1 ＋ 生成物2
●はやい化学変化では，反応物　　●はやい化学変化では，生成物
　がどんどん減っていく。　　　　　がどんどんふえてくる。

　ところで，化学変化（反応）をよりはやく進めるためには，どうしたらよいでしょうか。
　スチールウールを酸素ガス中で燃焼させると，空気中での燃焼より，激しくはやく反応して酸化鉄になります。これは酸素の濃度が，空気中の5倍にもなるからです。一般に化学変化の速さは，反応物の濃度が大きいほど，大きくなります。
　また，鉄粉と硫黄の粉末を化合させる反応では，粉末どうしを混ぜ合わせただけでは非常にゆっくりとしか反応しません。しかし，この混合物の一部を熱すると，全体に反応が広がります。一度反応が始まると，その反応熱によってとなり合う部分の温度が上がり，次々に反応が進みます。このように反応物の温度を上げると，化学変化の速さは急に大きくなります。
　役に立つ生成物が得られる反応であっても，速さのおそい反応では実用性はとぼしくなります。そこで私たち人類は，さまざまな化学反応を利用しようとくふうしてきました。スチールウールの燃焼時のように反応物の表面積を広くする（P.116），鉄粉と活性炭のカイロのように食塩水の力を借りる（P.139），ファーブルの火山の実験のように水の助けを借りる（P.109），などです。

また，化学反応の速さがおそくて実用性が低くなってしまうような場合でも，その反応に適したある種の物質を加えると，劇的に反応がはやくなることがあります。そのような物質は**触媒**とよばれています。触媒自身は化学変化を起こすわけではなく，2種類の反応物どうしが結びつきやすいように，化学物質どうしの間を取りもつ役目を果たします。効率よく化学変化を進めてくれる触媒が見つかったならば，魔法のつえを手にしたようなものです。今まで難しかった化学反応が，おだやかな条件のもとでもスイスイ進行してしまう，などということも夢ではありません。

科学コラム

新しい触媒―光触媒としての酸化チタン―

　第4章では，電気で水が分解できることを学びました。これは，水の分子をつくっている水素と酸素を，電気の力によって引きはなし，それぞれを気体の水素と酸素として集める実験でした（P.101）。

　この化学反応は，水分子の水素と酸素を引き離すために電気エネルギーを使っていることになります。工業的に水を分解してたくさんの水素と酸素を得ようとする場合，発電所でつくられる電気エネルギーは，コストが高くついてしまうでしょう。できるだけエネルギーの消費を少なくおさえるような，高性能の触媒が望まれます。

　そんなおり，たまたま偶然夢のような触媒が見つかりました。1972年のことです。ある研究者がコピー機に使われる材料の研究をしていたときに，水槽の中で酸化チタン（TiO_2）の結晶に光を当ててみました。するとどうでしょう。水の電気分解のときと同じように，水素と酸素のあわが出てきたではありませんか。つまり太陽光線などの光によって，水が水素と酸素に分解されたのです。コストのかか

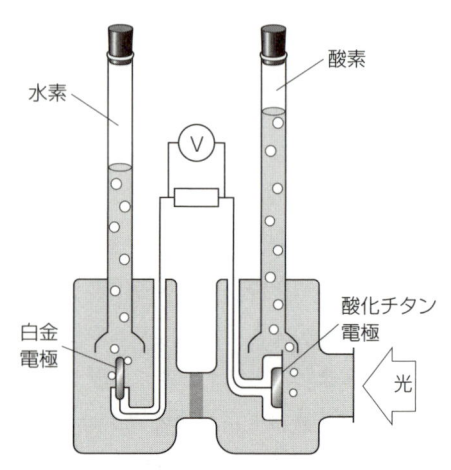

酸化チタンの光触媒を用いた水の分解装置（模式図）

らない太陽の光エネルギーを受けて、酸化チタンが水を分解する触媒となったわけです。この作用は、発見者の名前をとって「本多・藤嶋効果」とよばれています。

　この酸化チタンの光触媒は、費用がかからず簡単に使えるので、盛んに研究が進められました。水ばかりではなく、各種有機物を分解することもわかってきたので、これを利用してカビや細菌など（これらも有機物）の除去、水や空気中の汚染物質の分解など、医療や環境を守る分野への応用が始まっています。

2. 化学変化で新しい有機化合物をつくる

　化学変化（反応）を利用して新しい物質をつくることを、**合成**といいます。合成によって、今までになかった新しい物質や役に立つ物質が、どんどんつくり出されています。

　現在、3000万種類以上の物質があると考えられていますが、その9割以上が有機物のなかまです。19世紀はじめまで、有機物は生物の生命のはたらきだけでつくり出されるもので、人の手では（人工的には）つくることができない、と考えられてきました。

　ところが1828年、ついにドイツの化学者ウェーラーは、有機物として知られていた尿素を、動物のじん臓の助けを借りなくても無機物からつくり出せることを示したのです。シアン酸アンモニウムという無機物を加熱したら尿素ができたのです。これは、当時の科学者にとってはショックでした。さらに1845年、コルベは単体の無機物だけを原料として、有機物である酢酸が合成できることを示しました。このようなことがきっかけとなって、有機物（有機化合物）の化学が大発展しました。

　現在利用されている有機化合物には、もともと天然にはなかった物質もたくさんあります。例えば合成繊維のナイロンは、もともと自然界には存在していませんでした。かいこのまゆからとれる、絹の構造をまねてつくった化合物です。絹はタンパク質の一種ですが、ナイロンもタンパク質と同じ結合（ペプチド結合という）を人工的につくるくふうからうまれたものです。ナイロンの登場により、人々は安くてじょうぶな繊維製品を手に入れました。

3. 天然物から合成品へ

　天然物の中から薬として有効な物質が見つかったとすると、その物質の構造をくわしく調べれば、今度はそれをお手本にして、人工的にその薬や、より効きめの強い薬、さらには副作用をおさえた薬などがつくれます。分子の構造が近い物質どうしは、反応しやすさ、生物に対する作用なども似る傾向（けいこう）があることを利用して、合成品をつくっています。

　例えば、ある種のヤナギの皮には、痛み止めの作用があることが古くから知られていました。このヤナギの皮から、痛み止めに有効な成分として分離（ぶんり）された物質をサリチル酸といいます。サリチル酸の構造がわかると、人工的に合成され、値段が下がったので外科（げか）用の鎮痛剤（ちんつうざい）として利用されるようになりました。

　ところがサリチル酸は、胃をあらす作用が強いために、内服薬としては副作用が大きすぎます。そこでこの副作用を減らしたものが、アスピリンです。アスピリンは、アセチルサリチル酸ともいい、鎮痛剤、解熱剤（げねつざい）などとして現在、広く使われている医薬です。

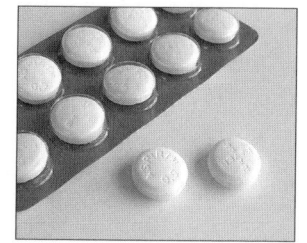

図2　アスピリン

　また、医薬のペニシリンのように現在では合成品を使っているものでも、はじめは自然界から見つかった化合物が多数あります。ペニシリンは、青カビのつくり出す物質がブドウ球菌（きゅうきん）という細菌を殺すことから、抗菌（こうきん）作用のある物質（抗生物質（こうせい））として見いだされました。その後、ペニシリンを人工的に合成できるようになると、供給量がふえ、多くの人々の命が救われました。

4. 環境を守るための化学

　産業革命以降、金属、肥料、繊維などの各種工業、さらに石油を原料とする重化学工業が急速に進展し、世の中に多種多様な生産物を送り出すようになったおかげで、私たちの生活は豊かで快適なものになりました。科学技術のめざましい発展により、近い将来、宇宙旅行も夢ではないでしょう。

　しかし、急速な工業化は一方で大気汚染（おせん）、水質汚濁（おだく）、そして各種廃棄物問題などの公害を引き起こしたことも事実です。工場などの生産活動が環境（かんきょう）に

対してどのような影響をあたえるのかを正しく評価し、継続的に改善していくことが欠かせません。具体的には、汚染物質発生源ごとにいかに汚染物質を外部に出さないようにするか、どうしたら有害な化学薬品を使わずに目的の生産活動を行えるか、というようなくふう・改良を続けることが大切です。

例えば、酸性雨などの原因物質として最も問題が大きいのは、窒素と酸素が化合してできる窒素酸化物です。窒素酸化物は自動車のような移動発生源のほかにも、工場や発電所のボイラーなどの固定発生源からも排出されます。この窒素酸化物は雨や霧など自然界の水に溶けると、強酸の硝酸や亜硝酸となり、酸性雨（霧に溶けたものは酸性霧）を降らせる原因になります。そこで大きな工場や火力発電所では、排煙中の窒素酸化物（酸性ガス）を水酸化カルシウム（アルカリ性）などで中和・吸収する、排煙浄化装置の設置が進んでいます。

もう1つ忘れてはならない重要なことは、このような大気汚染物質や水質汚濁物質は、それを発生させた地域・国の中にとどまるものではないことです。あるものは風に乗って、またあるものは海流に乗って、遠くはなれたところまで広がっていき、地球全体をむしばむ可能性があります。人間の生活や生産活動の規模があまりにも大きくなったために、広範囲の環境に対して影響をあたえるようになったのです。

近年、ようやく地球規模でこのような環境破壊を阻止しようと、世界中が協力を始めたところです。豊かな先進国と、これから積極的に開発を進めなければならない発展途上国の立場のちがいを乗りこえて、地球環境を汚さないために全世界が一致協力して取り組んでいかなければなりません。

図3　地球規模での環境破壊を阻止するためには…

科学コラム

自動車排ガス中の大気汚染物質

自動車排ガスの中で酸性雨などの原因物質として最も問題の大きい窒素酸化物は，一酸化窒素（NO），二酸化窒素（NO_2）などの混合物であるために，特定の化学名，化学式では表せません。化学式としては NO_X とかき，ノックス（またはエヌ・オー・エックス）とよばれます。最後の x は数学であつかう変数と同じで，1 や 2 などの数字が入ることを意味します。

NO_X には，燃料中にふくまれる窒素化合物の燃焼によるもの（フューエル NO_X）と，たとえ燃料中の窒素分をゼロにしても，高温・高圧の燃焼室内で空気中の窒素と酸素が化合して生じるもの（サーマル NO_X）の 2 種類があります。高温ではサーマル NO_X の発生量が多くなります。空気を吸いこんで燃料との混合気体を爆発させる方式の自動車エンジンでは，サーマル NO_X の発生自体をおさえることはできないので，出口での対策をとることになります。

自動車の排ガス浄化対策としては，現在，普通自動車（ガソリンエンジン）では，NO_X のほかに猛毒の一酸化炭素（CO）と，光化学スモッグに関係する炭化水素（HC）の 3 種を同時にさく減する，「3 元触媒方式」が実現したところです。

ディーゼルエンジンについてはさらに技術開発がおくれています。これら 3 種の汚染物質のほかにも，浮遊粒子状物質という黒いすすのような汚染物質のさく減も必要です。

今後，これらの対策を強力に推進していかなければならないことが課題になっています。

第6章

原子の構造とイオン

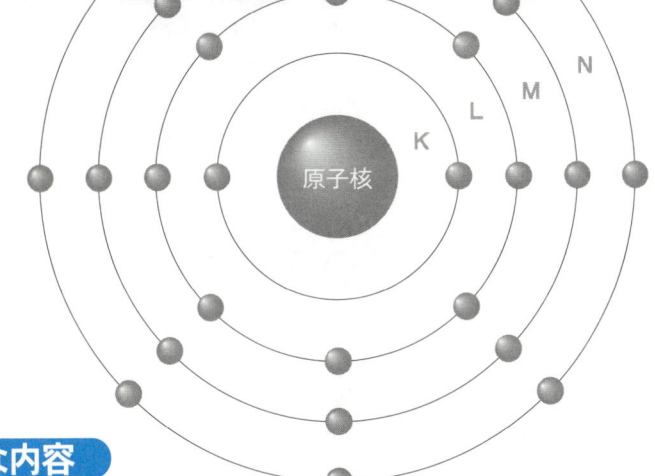

本章の主な内容

第1節　**原子の構造はどうなっているか？**
　　　　原子の中身 ／ 原子の中の電子配置
　　　　周期表のいちばん右側（18族）の秘密

第2節　**イオンとはどんな粒子か**
　　　　電流を流す水溶液と流さない水溶液
　　　　電解質水溶液とイオン ／ イオンとは？

第3節　**イオンでできた物質－イオン性物質－**
　　　　塩のなかまはイオンでできた物質 ／ イオン性物質の化学式
　　　　物質を「原子・分子・イオン」で大きく分ける

第4節　**電気分解と電池**
　　　　塩化銅水溶液の電気分解／塩化銅水溶液の電気分解とイオン
　　　　電池／電池の仕組み／実用電池／燃料電池

第5節　**酸とアルカリ**
　　　　酸性とアルカリ性 ／ 酸とはなにか ／ アルカリとはなにか
　　　　酸性・アルカリ性の強さのものさし －pH－
　　　　酸とアルカリを混ぜるとどうなるか

第6章 原子の構造とイオン

原子の内部はどうなっているのでしょうか。この問いに答えが出てきたのは20世紀になってからのことでした。
ここではまず、原子の内部がどうなっているのかを学習し、その内部構造と関係づけながら、物質をつくるイオンという粒子（りゅうし）について学習していきましょう。

第1節　原子の構造はどうなっているか？

19世紀にドルトンが提唱した「原子」は、その存在があきらかになり、20世紀のはじめには「原子の中身」もいろいろとわかってきました。

1. 原子の中身

【電子の発見】　原子の中身についてまずわかったのは、原子の中に電子があるということです。

電子の存在は、真空放電のときに－電極（陰極）（いんきょく）から出てくる陰極線についての研究が続けられるなかで確立されました。

図1　陰極線の実験

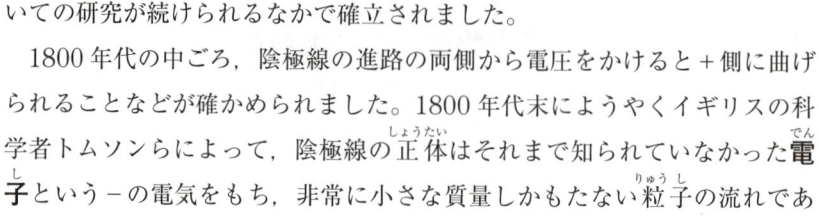

1800年代の中ごろ、陰極線の進路の両側から電圧をかけると＋側に曲げられることなどが確かめられました。1800年代末にようやくイギリスの科学者トムソンらによって、陰極線の正体（しょうたい）はそれまで知られていなかった電子（でんし）という－の電気をもち、非常に小さな質量しかもたない粒子（りゅうし）の流れであることが確立したのです。

その後、電子は原子をつくっている粒子であることがはっきりしてきました。

【原子核の発見】　電子は、－の電気をもつ質量をもった粒子です。電気的に中性（＋でも－でもない）である原子の中に－の電気をもつ粒子があるとしたら、原子の中には＋の電気をもつ粒子もあるはずです。

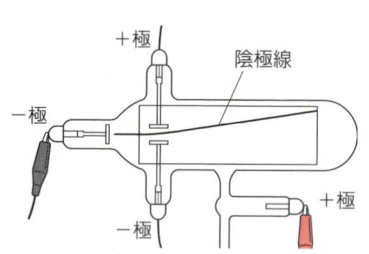

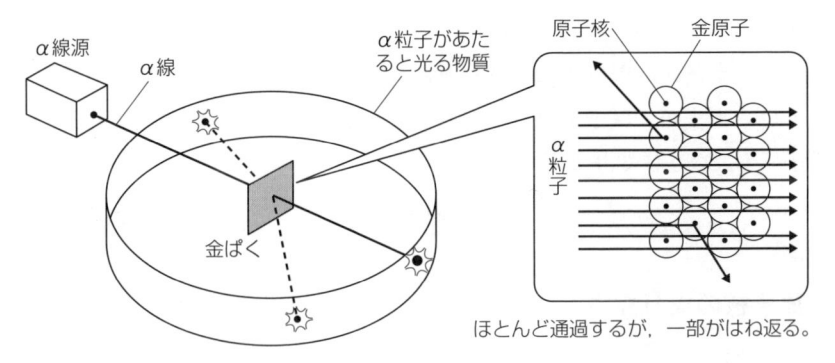

図2 ラザフォードの実験

　1911年に，イギリスの科学者ラザフォードらは，α粒子（放射線の一種で，＋の電気をもつ微小な粒子※1）を，うすい金ぱくにあてる実験をしていました（図2）。そして，あてたα粒子のほとんどは金ぱくを通りぬけますが，一部ははね返ってもどってくることを発見しました。この実験からラザフォードは，原子には中心に＋の電気をもつ，大きさは小さいが質量は非常に大きい部分（これは後に原子核とよばれるようになる）があり，1つあるいは複数の軽い電子がその周囲を動いていると推定しました。

　このような実験から，原子の中は，ほとんどが"すかすか"であるが，中心に原子核があることがわかったのです。

【原子全体と原子核の大きさ】　その後の研究から，原子の直径は，種類によって多少ちがいますが，平均で約0.0000000001m（1億分の1cm）の球体であることがわかりました（図3）。原子の構造は，中心に原子核があり，そのまわりを－の電気をもった電子が，原子核の＋の電気に引かれながら飛び回っています。

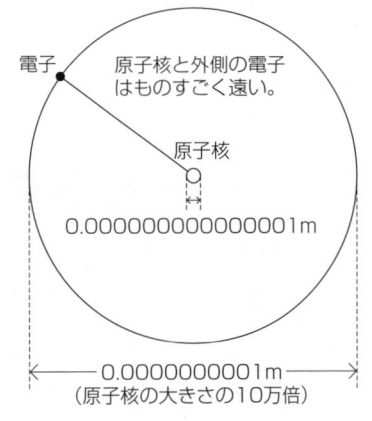

図3　原子全体と原子核の大きさ

※1　後に，α粒子の正体は高速で飛ぶヘリウム原子の原子核であると判明した。

また，原子核の直径は約 0.000000000000001m です。直径を数字で表してもあまりにもゼロがたくさん並んでいるので，小さすぎて想像できないと思いますが，原子を東京ドームの大きさとすると，パチンコ玉程度が原子核の大きさになります。

科学コラム

原子核の成り立ち

　原子核は，陽子とよばれる＋の電気をもった粒子と，中性子とよばれる電気的に＋でも－でもない電気的に中性な粒子からできていることもわかりました。陽子や中性子をさらに細かく分けることはできないのでしょうか？

　現在では，科学技術の進歩によって，まるで解ぼうして見たかのように原子の中身がわかっています。研究の進歩によって陽子や中性子はクオークというさらに小さな粒子からできていることがわかってきていますが，まだそのふるまいについては興味深いなぞがいくつもあり，さらに研究が進められています。

　周期表は元素を原子番号の順に並べていますが，原子番号は原子の中にふくまれる陽子の数と同じです。原子核のまわりを飛び回っている電子の個数も陽子と同じ個数だけあり，原子1個では，＋の電気と－の電気が等しく，全体として＋の電気と－の電気が互いにその性質をうち消し合った電気的に中性な状態です。

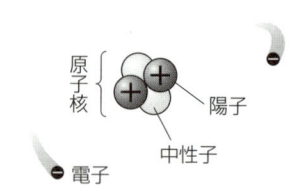

2. 原子の中の電子配置

　原子の中の電子は，もっているエネルギーの低い順番に原子核の近くから収容されています（図4）。電子の収容される場所を**電子殻**とよびますが，原子核にいちばん近い電子殻がいちばんエネルギーが低い「K殻」で，以下アルファベット順に「L殻，M殻，N殻……」と外側に向かって，だんだんエネルギー

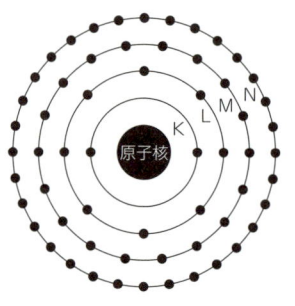

図4　電子殻と電子の最大収容数

が高くなります。各電子殻には電子の最大収容数が決まっています。表1は原子番号20番のカルシウムまでの電子配置を示したものです。

電子の最大収容数は，いちばん内側のK殻は2個まで，以下，L，M，N殻は8，18，32個と決まっています。

表1 原子の電子配置

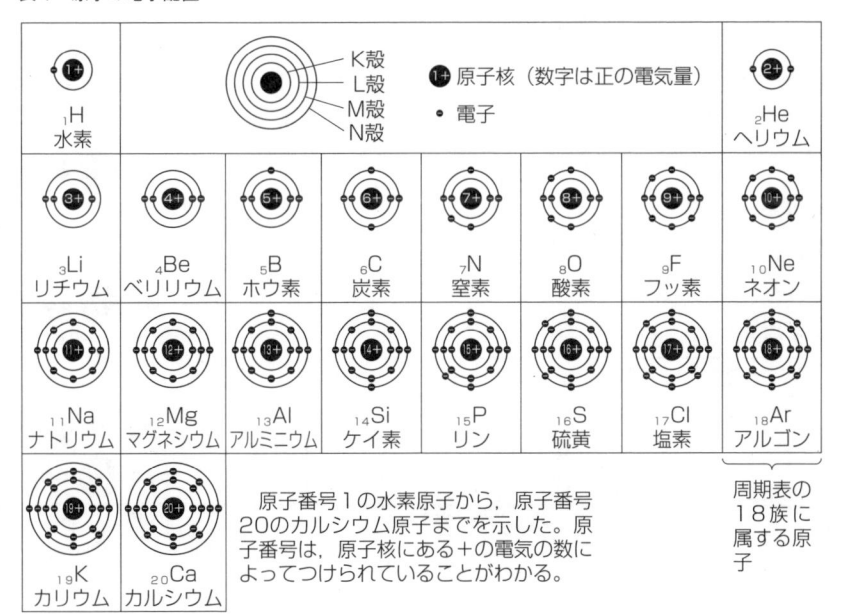

$_1$H 水素	1+
$_2$He ヘリウム	2+
$_3$Li リチウム	3+
$_4$Be ベリリウム	4+
$_5$B ホウ素	5+
$_6$C 炭素	6+
$_7$N 窒素	7+
$_8$O 酸素	8+
$_9$F フッ素	9+
$_{10}$Ne ネオン	10+
$_{11}$Na ナトリウム	11+
$_{12}$Mg マグネシウム	12+
$_{13}$Al アルミニウム	13+
$_{14}$Si ケイ素	14+
$_{15}$P リン	15+
$_{16}$S 硫黄	16+
$_{17}$Cl 塩素	17+
$_{18}$Ar アルゴン	18+
$_{19}$K カリウム	19+
$_{20}$Ca カルシウム	20+

原子番号1の水素原子から，原子番号20のカルシウム原子までを示した。原子番号は，原子核にある+の電気の数によってつけられていることがわかる。

周期表の18族に属する原子

3. 周期表のいちばん右側（18族）の秘密

周期表のいちばん右側の18族に属する，ヘリウム，ネオン，アルゴンなどのグループは，ちょっと変わった性質をもっています。これらを希ガスとよんでいます。

このグループの原子は，ほかの原子と結びついて化合物をつくったりすることがほとんどなく，原子単独で存在しています。希ガスは室温で気体ですが，気体の酸素や水素のように原子が2個結びついて分子として存在するのではなく，原子1個（1原子分子）で，ばらばらにびゅんびゅん飛び回っているのです（図5）。

いちばん外側の電子殻にある電子を**最外殻電子**といいます。

18族の原子はすべて，最外殻電子が8個（ヘリウムは2個）です。つまり18族の原子の電子配置では，最も外側の電子殻に入っている電子が8個（ヘリウムは2個）なのです（図6，表2）。これはほかの原子と比べて安定な状態です。

また，希ガス以外の原子も，多くの場合，イオン（第2節で学習します）になったり分子になったりするとき，希ガスと同じ電子配置をとります。その電子配置がエネルギー的に安定だからです。

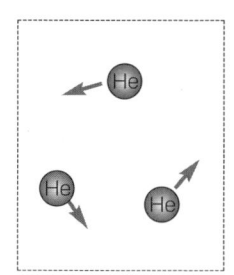

図5 希ガスは原子1個だけで飛び回る（1原子分子）

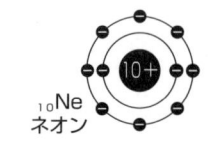

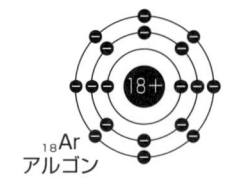

$_2$He ヘリウム

$_{10}$Ne ネオン

$_{18}$Ar アルゴン

図6 希ガス原子の電子配置は安定している

表2 希ガスの電子配置

元素名 原子番号記号	K殻	L殻	M殻	N殻	O殻	P殻
ヘリウム $_2$He	2					
ネオン $_{10}$Ne	2	8				
アルゴン $_{18}$Ar	2	8	8			
クリプトン $_{36}$Kr	2	8	18	8		
キセノン $_{54}$Xe	2	8	18	18	8	
ラドン $_{86}$Rn	2	8	18	32	18	8

第2節　イオンとはどんな粒子か

1. 電流を流す水溶液と流さない水溶液

実験　水溶液に電流が流れるかどうか調べよう

　水溶液には電流が流れるだろうか，それとも流れないだろうか。
　図のようにしていろいろな水溶液に電極を入れ，調べてみよう。

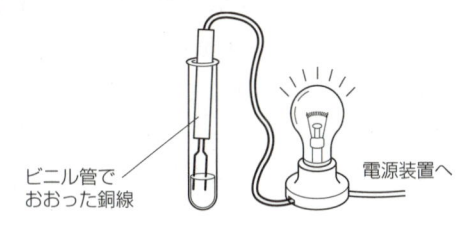

ビニル管でおおった銅線　　電源装置へ

　ぬれた手で露出した電気器具やコードにふれると「びりっ！」と感電したり，グラウンドに落雷して，水たまりに足がふれていたクラブ活動中の生徒が重傷を負ったという事故が過去に報告されています。このことから，水でぬれていれば電流が流れやすい，水は電流を流す，と考えてしまうかもしれません。しかし，純粋な水は電流が非常に流れにくい物質です。では，どうして水にぬれると感電しやすくなるのでしょうか。じつは，電流を流しやすくする物質が水に溶けているからなのです。
　上の実験結果からもわかるように，いろいろな物質を水に溶かすと，電流を流すようになる場合とそうでない場合があります。
　水溶液が電流を流すようになる物質には，塩化ナトリウム，塩化水素（その水溶液は塩酸），水酸化ナトリウムなどがあります。このような物質を**電解質**といいます。一方，水溶液が電流を流さない物質には，砂糖，ブドウ糖，エタノールなどがあります。このような物質を**非電解質**といいます。
　ぬれた手が感電しやすくなるのは，汗などにふくまれる電解質，主として塩化ナトリウムが水に溶けるためです。

2. 電解質水溶液とイオン

　電解質水溶液には**イオン**という粒子がたくさんふくまれています。電解質の水溶液に電流が流れるのは，水溶液中にあるイオンが動いて電気を運

んでくれているからです。

イオンは，電気をもった原子または原子の集団です。＋の電気をもっている**陽イオン**と，－の電気をもっている**陰イオン**とがあります。＋の電気と－の電気は互いに引きつけ合おうとします。この力を静電気力（クーロン力）とよびます。

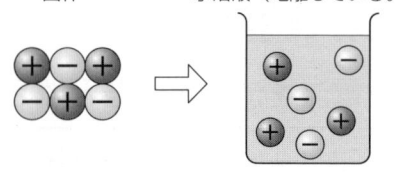

図1　電解質の電離

電解質の塩化ナトリウムは，固体の状態のとき，陽イオンと陰イオンが結びついてできています。しかし，水に溶かすと，水分子のはたらきによって静電気力で結びついていたイオンがばらばらになって散らばるのです（図1）。このように，電解質が水溶液中でばらばらのイオンになることを**電離**とよびます。

塩化ナトリウム水溶液のように電離して陽イオンと陰イオンが水中に散らばった水溶液に，電極を差しこんで電圧をかけると，電極とイオンや分子の間で電子の受けわたしが起こって電流が流れます。[※1]

私たちが日ごろ飲んでいる清涼飲料水や，しょう油，ソースなども電流が流れます。水道水にも少し電流が流れます。じつは，私たちの血液や尿にも電流が流れます。これらにはイオンがふくまれているのです。しかし，砂糖のような非電解質が水に溶けても，集まっていた砂糖分子が単にばらばらになって散らばるだけです。電気的に中性な分子だけでは電流が流れないのです。

3. イオンとは？

原子は＋の電気をもった原子核と－の電気をもった電子とからできていること，電気的に中性の状態（＋と－の電気の量が等しく原子全体としては電気をもっていない状態）であることは先に説明しました。

原子は，電子をほかの原子にあたえたり，ほかの原子から受け取ったりする

※1　塩化ナトリウム水溶液の場合には，＋極では陰イオン（塩化物イオン）が電子を電極にわたし，－極では水分子が電子を受け取ることで電流が流れる。水溶液中のどのようなイオンや分子が，電子の受けわたしをするかは本章第4節で学習する。

性質があります。そのとき，希ガス原子の電子配置と同じになろうとします。

【陽イオンのでき方】　例えば，ナトリウム原子は，電子1個をほかの原子へあたえやすい性質があります。そこで，受け取ろうとする相手があるとすぐ電子をあたえてしまいます。そうしてナトリウム原子が電子1個を失った分だけ＋の電気をもったものがナトリウムイオン（Na^+）です。[※2]　最外殻電子が1個なので，これをほかの原子にあたえることで，希ガスのネオンと同じ電子配置になり，安定な構造になるのです（図2）。

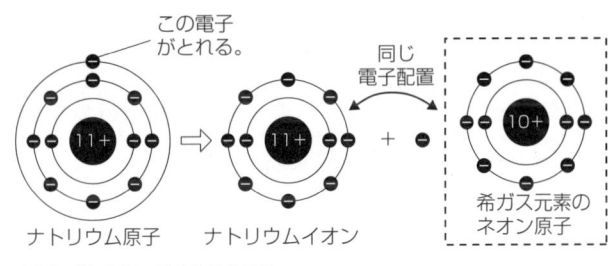

図2　陽イオンができる仕組み

【陰イオンのでき方】　塩素原子は，電子1個をほかからもらいやすい性質があります。電子を出してくれる相手があるとすぐ電子1個を受け取ってしまいます。その結果塩素原子は，電子1個を受け取った分だけ－の電気をもつようになります。これが塩化物イオン（Cl^-）です。最外殻電子が7個なので，ここにほかの原子から電子を1つもらうことで希ガスのアルゴンと同じ電子配置になり，安定になるのです（図3）。

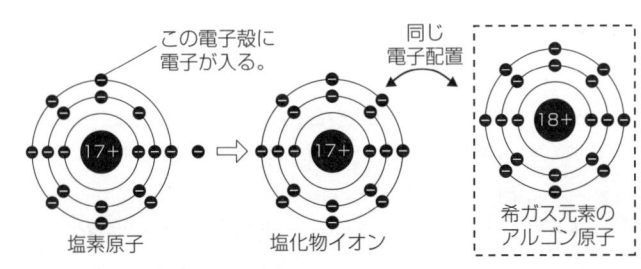

図3　陰イオンができる仕組み

【イオンをもとにしてできる物質】

　ナトリウムと塩素が化合すると，ナトリウム原子から塩素原子に電子がわ

※2　イオンを表す記号については図5（次ページ）を参照。

たされて，それぞれがイオンになります。その結果できた塩化ナトリウムの固体の内部では，陽イオンであるナトリウムイオンと陰イオンである塩化物イオンが電気的にがっちりと引きつけ合った状態になっているのです（図4）。

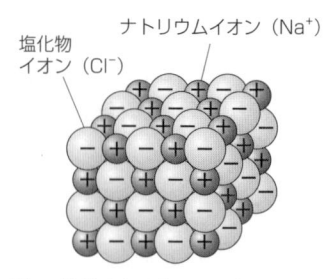

図4　塩化ナトリウムのつくり

　陽イオンと陰イオンは引き合う力が強く，陽イオンと陰イオンからできている物質の多くが融点の高い物質です。また陽イオンと陰イオンは規則的に並んで結晶をつくっています。このような結晶では，ある特定の面でとても割れやすいという性質があります。外からの力で，ある部分の陽イオンと陰イオンの並び方がずれると，次々に＋と－の引き合う力の組み合わせがずれてなくなり，反発し合う＋と＋，－と－の組み合せになるためです。

【イオンの表し方】　巻末の周期表を見てみましょう。金属と非金属が区別して表されていますね。一般に金属の原子は，電子をほかの原子にあたえて陽イオンになりやすく，希ガスを除いた非金属原子は，電子をほかから受け取って陰イオンになりやすい性質があります。

　このように，原子が電子をほかにあたえると，あたえた電子の数に等し

イオンの表し方

　原子または原子の集団の記号の右上に，＋，－の記号と，受け取ったり失ったりした電子の数に等しい数字をつけて表す（ただし1は省略する）。

〔陽イオンの例〕

H^+	Na^+	Mg^{2+}	K^+	Al^{3+}
水素イオン	ナトリウムイオン	マグネシウムイオン	カリウムイオン	アルミニウムイオン

〔陰イオンの例〕

Cl^-	OH^-	SO_4^{2-}	CO_3^{2-}
塩化物イオン	水酸化物イオン	硫酸イオン	炭酸イオン

● 陽イオンは，元素名に「イオン」をつけてよぶ。
● 陰イオンは，塩化物イオン（塩素のイオン），水酸化物イオンのように「〜化物イオン」とよぶ。ただし，陰イオンでも硫酸イオンのように「化物」をつけないものもある。

図5　イオンの表し方

い＋電気をもった陽イオンとなり，逆に原子が電子を受け取ると，受け取った電子の数に等しい－電気をもった陰イオンとなります。

ここで，OH^- や SO_4^{2-} は原子の集団がイオンになっているものです。

OH^- は，酸素原子 O と水素原子 H が 1 個ずつ集まったものが，電子 1 個分の－電気をもっています。SO_4^{2-} は，硫黄原子 S と酸素原子 O とがそれぞれ 1 個と 4 個ずつ集まったものが，電子 2 個分の－電気をもっています。

イオンを表す記号（イオンを表す式ともいう）は，原子から電子が失われた場合を＋，原子や原子の集団が電子を受け取った場合を－として，その電子の個数とともに元素記号の右上にそえてかきます（図5）。

科学コラム

金属の陽イオンになりやすさの傾向(けいこう)

世界各地の遺跡(いせき)から副そう品が多数発掘(はっくつ)されていますが，鉄でできたものと金でできたものでは様子が全然ちがいます。例えば，江田舟山古墳(えたふなやまこふん)（熊本県：5世紀）から出土した鉄剣(てっけん)はボロボロですが，ツタンカーメン王（エジプト：紀元前14世紀）のミイラにかぶされていた黄金のマスクは今なお金色(こんじき)のかがやきを放っています。同様の現象はほかにも世界各地にありますが，どうしてこんなちがいが生じるのでしょうか。

鉄も金も金属で，有機物の木材とちがってじょうぶで腐(くさ)らない，いつまでも保存がきく物質のように思えます。しかし，金属には「ほかの原子に電子をあたえて陽イオンになろうとする傾向」（これを「イオン化傾向」とよびます）にちがいがあるのです。水中や水溶液中で金属が陽イオンになると，「溶ける」という現象が観察され，また，陽イオン化が空気中で起こると「さびる」という現象が観察されたりします。これらのことは，すべてイオン化傾向である程度判断できるのです。そして，このイオン化傾向の大きさは各金属で異なり，主な金属を例にイオン化傾向の大きい順にかくと，

ナトリウム　マグネシウム　アルミニウム　亜鉛(あえん)　鉄　スズ　水素
$Na > Mg > Al > Zn > Fe > Sn > (H_2)$

銅　銀　白金　金
$Cu > Ag > Pt, Au$

となっていることもわかっています。

虫歯の補修に金歯や銀歯をかぶせることもありますが，このように金，銀，

白金（プラチナ）製品や，そのメッキがどうして人類のこれまでの歴史の中でずっとつくり続けられてきたのでしょうか。それは，古来から人々が，いつまでもキラッと光りかがやく金属を，永遠の生命へのあこがれをこめて見ていたためでもあるでしょう。金，白金，銀はイオン化傾向が小さいので，さびることもほとんどないのです。

第3節 イオンでできた物質―イオン性物質―

1. 塩のなかまはイオンでできた物質

固体の塩化ナトリウムはナトリウムイオン Na^+ と塩化物イオン Cl^- が静電気力で引き合い，結合してできています。このように陽イオンと陰イオンの組み合わせからできている物質を，**イオン性物質**とよんでいます。

第1章第2節で学習した塩のなかまはイオン性物質です。塩のなかまの特ちょうを復習してみましょう。

- **融点が高いものが多い。**
- **かたいが，外から力を加えると，決まった面に沿って割れやすい。**
- **固体は電流を流さないが，融解したり，水溶液にしたりすると電流を流す。**

これらは，それぞれイオン性物質の特ちょうでもあります。

塩化ナトリウムの固体は電流を流しませんが，固体を水に溶かすと，陽イオンと陰イオンに電離して，水溶液中を動き回るので電流を流すようになります。では固体のときはどうして電流が流れないのでしょうか。

塩化ナトリウムの結晶（P.164 図4）を見てみると，Na^+ と Cl^- が規則正しく並び，全体としては電気的に中性になっています。この＋と－の引き合う力（静電気力）はとても強く，それぞれのイオンは自由に移動できないので電流が流れないのです。ところが水に溶けたり，加熱して融解したりすると結晶がくずれて，それぞれのイオンが自由に動き回ることができ電流が流れるようになるのです。

実験 **イオン性物質が電流を通すかどうか調べよう**

イオン性物質が融解した液体が電流を通すかどうか調べよう。

① 固体のままの食塩が電流を流すかどうか調べる。

② ガストーチで加熱して，食塩を融解させ，電流を流すかどうか調べる※1。

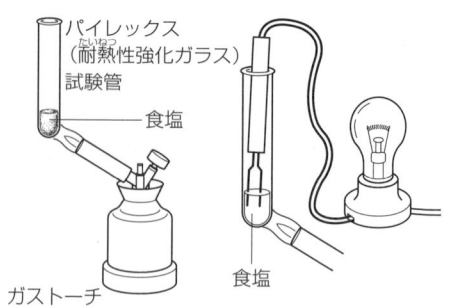

食塩（塩化ナトリウムの大きな結晶）

パイレックス（耐熱性強化ガラス）試験管
食塩
ガストーチ
食塩

実験から，食塩は，固体のままでは電流を流さないが，融解させると電流を流すようになることがわかります。

2. イオン性物質の化学式

イオン性物質は陽イオンと陰イオンが電気的につり合うように結合している物質です。塩化ナトリウムではナトリウムイオン Na^+ と塩化物イオン Cl^- が1：1の個数の比で結合するので電気的に中性となります。塩化ナトリウムの化学式は NaCl とかきます。したがって，イオン性物質を記号で表すときには電気的に中性になっているかを確認しながらかけばいいのです。

例えば，マグネシウムイオンは Mg^{2+}，塩化物イオンは Cl^- なので，電気的に中性になるためには，それぞれのイオンの数の比は1：2となり，化学式は $MgCl_2$ となります。イオン性物質の化学式の読み方は，陰イオンを先に，

〔塩化ナトリウム〕

Na^+ + Cl^- ⟶ $NaCl$

ナトリウムイオン　塩化物イオン　　塩化ナトリウム

〔塩化マグネシウム〕

Mg^{2+} + $2Cl^-$ ⟶ $MgCl_2$

マグネシウムイオン　塩化物イオン　　塩化マグネシウム

図2　イオン性物質の化学式の組み立て方，読み方

陽イオンをあとにして読みます。$MgCl_2$ は塩化マグネシウムと読みます。

問題 次の陽イオンと陰イオンでできた物質の化学式を書き入れてみよう。

	Cl^-	NO_3^-	SO_4^{2-}	CO_3^{2-}
Na^+	(例) NaCl			
K^+				
Ca^{2+}				
Al^{3+}				
NH_4^+				

3. 物質を「原子・分子・イオン」で大きく分ける

　イオン性物質には，塩化ナトリウムのほかにも，塩化銅や硫酸銅，硝酸カリウム，塩化カリウム，塩化マグネシウムなど，酸と金属を反応させてできる物質や，酸化鉄，酸化銅などの金属の酸化物があります。また，水酸化ナトリウム，水酸化カリウムなどのアルカリもイオン性物質です。

　純粋な水は水分子の集まりで，（電流を流さないので）イオン性物質ではありません。水，砂糖などのように分子が集まってできている物質を**分子性物質**といいます。分子性物質には，水，酸素，窒素，二酸化炭素などの無機物と，砂糖やエタノールなどの有機物とがあります。

　金属は金属原子が集まってできています。それぞれの原子からはなれて自由に動き回る自由電子があるので，電流を流したり，金属光沢があるといった金属の特ちょうを示します。

　物質を大まかに3つに分けると「塩，砂糖，鉄のなかま[1]」になりますが，ここでは物質をもっとくわしく分けてみましょう。

※1　第1章第2節参照。

表1　物質の分類

金属	金属 ── 金属原子だけからなるもの
イオン性物質	塩（えん） ── 金属原子（陽イオン）と非金属原子（陰イオン）の組み合わせ 酸化物 ── 酸化鉄，酸化銅など 水酸化物 ── 水酸化ナトリウム，水酸化カリウムなど
分子性物質	非金属原子でできた分子 ├─ 炭素，酸素，水素などの単体 ├─ 水，二酸化炭素，アンモニアなどの無機化合物 └─ 砂糖，エタノールなどの有機化合物
高分子	無機高分子 ── ダイヤモンド，セキエイ（二酸化ケイ素）など 有機高分子 ┬─ デンプン，タンパク質などの天然高分子 　　　　　　└─ プラスチック，合成繊維，合成ゴムなどの合成高分子

　これをある人は「世の中は，塩（しお）と油と金物とポリとダイヤで全部OK」とたとえています。塩はイオン性物質，油は分子性物質，金物は金属，ポリは有機高分子，ダイヤは無機高分子を表しています。

　なお，前ページの問題にあったNH_4Cl（塩化アンモニウム）では，非金属原子が集まりNH_4^+（アンモニウムイオン）という陽イオンを形成しています。

第4節　電気分解と電池

1 塩化銅水溶液の電気分解

　純粋な水に電圧をかけても電流が流れません。水に電解質を溶かした電解質水溶液に電圧をかけると電流が流れました。

　電解質水溶液には，陽イオンと陰イオンが水溶液中に散らばっていることを学びました。そこで，塩化銅水溶液に電圧をかけて電流を流したときの電極付近をよく観察し，電極付近で何が起こっているかを考えてみましょう。

実験　塩化銅水溶液に約3〜6Vの電圧をかけて
　　　　1〜2分間電流を流したときの電極を観察しよう

　塩化銅水溶液に電極（炭素棒）を入れ，電圧をかけたときの電極付近の変化を観察する。

①陽極，陰極の変化を調べよう。気体が出ているときは，においなども確認する。反応後の電極の表面を観察する。固体で採取できるものは，採取し，ろ紙の上で観察したり，金属さじの底でこすったりする。

②さらに，しばらく電圧をかけたら，電源装置のスイッチを切り，電源装置の＋極，－極と電極をつなぎ替えてスイッチを入れる。電極付近で，どんな変化が起こるだろうか。

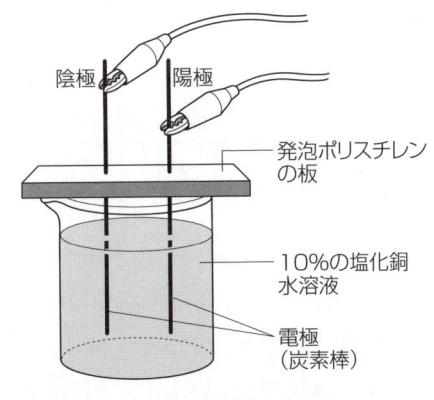

　陽極から泡が出て，刺激臭を持つ気体が発生しました。これは，プールの消毒剤のにおいをもつ塩素という気体です。

　陰極の炭素電極の表面は赤茶色に変わりました。赤茶色の部分を取り，ろ紙の上で金属さじの底でこすると金属光沢が見られました。金属で赤っぽい金属光沢をもつのは銅です。

　また，電極を逆につなぎ替えると，陽極（元は陰極だった電極）では，表

面の赤茶色物質，つまり銅が消えていき，塩素が発生しました。陰極（元は陽極だった電極）では，銅が出てきました。実験結果から，新しく銅と塩素ができたことがわかります。

この反応は，次のようになります。

　　　塩化銅　→　銅　＋　塩素
　　　$CuCl_2$　→　Cu　＋　Cl_2

1種類の物質から2種類の物質ができる化学変化は分解です。電流を流して分解したので，電気分解が起こったことになります。

2　塩化銅水溶液の電気分解とイオン

　塩化銅 $CuCl_2$ は，＋電極を持った銅原子（銅イオン Cu^{2+}）が1個に対し，－電気を持った塩素電子（塩化物イオン Cl^-）2個の割合で結びついている物質（結晶）です。水溶液中では，電離して銅イオン Cu^{2+} と塩化物イオン Cl^- にばらばらに分かれます。

　　　$CuCl_2$　→　Cu^{2+}　＋　$2Cl^-$

ここで，陽極と陰極の電気的性質も考えておきましょう。

　電源装置の－極から押し出された電子が陰極に動いてきます。すると，陽極は，電気的に負（－）の電気をもった状態になります。陽極では電子が電源装置の＋極へ動いていきます。そこで，陽極は電子が不足して電気的に正（＋）の電気をもった状態になります。

　＋電気と－電気は引き合います。また，同種の電気どうし（＋と＋，－と－）では反発し合います。水溶液中には水分子はたくさんあります。これに取り囲まれている状態では一度離れたイオンどうしは簡単にはくっついて元の状態にもどることはありません。

　また，導線（金属）の中では，原子の中の電子の一部が原子から離れ，原子の外を自由に動いている自由電子になっています。金属に電圧をかけると電流が流れるのは，自由電子がいっせいに－極側から＋極側へと動くからです。

　では，以上のことから，塩化銅水溶液に電圧をかけると電流が流れて，電

気分解が起こるわけを考えてみましょう。
(1) 塩化銅水溶液に電圧をかけると陰極付近では，+の電気を帯びた陽イオンの Cu^{2+} が陰極に引かれます。陽極付近では，−の電気を帯びた陰イオンの Cl^- が陽極に引かれます。
(2) 電源の−極につないだ陰極には，電源から押し流されてきた電子が存在しています。そのときに，陰極の近くに，電子を受け取りやすいものがあれば，そのものが電子を受け取ります。

塩化銅水溶液では水溶液中にあるのは，水分子，銅イオン，塩化物イオンですが，この中では，銅イオンが陰極から電子をもらいます。銅イオンは電子を受け取ると，イオンから原子（金属の銅）になります。

$$Cu^{2+} + 2e^- \to Cu$$
銅イオン　電子　銅

(3) 一方，電源の+極につないだ陽極では，陽極近くに，陽極に電子を渡しやすいものがあるならば，そのものが電子を陽極に渡します。

塩化銅水溶液では，塩化物イオンが陽極に電子を渡します。

塩化物イオンは，陽極に電子を渡すと，イオンから原子に，そして，さらに原子が2個結びついた塩素分子（気体として発生）になります。

$$Cl^- \to Cl + e^-$$
塩化物イオン　塩素原子　電子

$$2Cl \to Cl_2$$
塩素原子　塩素分子

(4) まとめると，

陽極　$Cu^{2+} + 2e^- \to Cu$（銅が析出）

陽極　$2Cl^- \to Cl_2 + 2e^-$（塩素が発生）

(5) 陽イオンが電源から送られてきた電子を陰極で受け取り，陰イオンが陽極に電子を渡すので[※1]，電子が電源の方へ戻っていくことになり，導

※1　電気分解でいつもイオンが電子の受け渡しをするとは限らない。例えば，ナトリウムイオン Na^+ がある水溶液では，水分子が電子を受け取る。水溶液の電気分解では，ナトリウムイオン Na^+，硝酸イオン NO_3^-，硫酸イオン SO_4^{2-}，炭酸イオン CO_3^{2-} があると，これらのイオンより水分子が電子を受け渡しをしやすいので，これらのイオンは電気分解されないで水溶液中に残る。

線（金属）には電子が流れて，回路ができます（図1）。

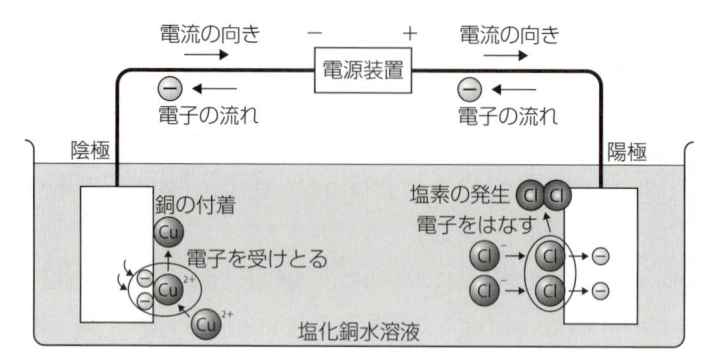

図1 塩化銅の電気分解

　陰極や陽極から離れている陽イオンと陰イオンは，ばらばらのまま勝手に溶液中を動いています。電極付近にきたイオンは，電極付近で原子や分子になってなくなったイオンの代わりに，電極と電子の受け渡しをします。

　ですから，電気分解が進むと，溶液中の銅イオンと塩化物イオンは減少していきます。

　実験で，しばらく電圧をかけてから電源装置の＋極，－極を逆につなぎ替えると，陽極（元は陰極）では，付着した銅が銅イオンになって電子を渡し，表面の銅がなくなると，次に塩化物イオンが電子を渡すようになりました。陰極（元は陽極）では，近くの銅イオンが電子を受け取り，陰極に銅が出てきたのです。

> **問い** 塩酸は，塩化水素 HCl の水溶液です。塩酸は，電解質水溶液です。塩酸に電圧をかけて電流を流して電気分解すると，陽極，陰極ではどのような変化が起こるでしょうか。

科学コラム

電気分解とイオン

　イオン性物質を熱して液体にすると，陽イオンと陰イオンが動けるようになります。そこに電圧をかけると，陽極では陰イオンが電子を放出し，陰極では陽イオンが電子を受け取る反応が起こります。たとえば，液体にした塩化ナトリウム NaCl では陽極では Cl^- が電子を放出し，塩素原子になり，さらに近くの塩素原子と一緒になり塩素分子 Cl_2 になって塩素ガスが発生します。陰極では Na^+ が電子を受け取って金属のナトリウム Na になって析出します。

　電気分解で複雑になるのは水溶液の場合です。水溶液中には必ず水 H_2O があったり，酸の水溶液では水素イオン H^+ が，アルカリの水溶液では水酸化物イオン OH^- が，他にも溶けている物質によってイオンや分子が存在します。

　たとえば塩化銅水溶液 $CuCl_2$ では，水と銅イオン Cu^{2+} と塩化物イオン Cl^- があります。そこに電圧をかけると，陽極（電源の＋側につないだ方）では水よりも Cl^- が電子を放出しやすいので Cl ができ，さらに Cl_2 になって塩素ガスが発生し，陰極（電源の－側につないだ方）では水分子や Cl^- よりも Cu^{2+} が電子を受け取りやすいので金属の銅 Cu が析出する反応が起こります。

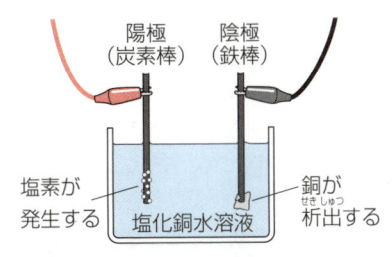

　なお，陽極に陰イオンが引かれていき，陰極に陽イオンが引かれていくという説明を見かけますが，引かれるのは電極のほんのすぐ近くの陽イオンと陰イオンだけです。

　また，陽極に銅板を使ったときには銅 Cu が Cu^{2+} イオンとして溶け出して，電子を放出します。このとき純度のよくない銅板（粗銅）を陽極に使ってもよく，そうすると陰極で純粋な銅を回収できることになります。これは，粗銅を純粋にするときに利用される技術です（電解精錬）。

3 電池

電池は化学電池と物理電池（太陽電池や光電池など）に分けられます。化学変化により電気エネルギーを取り出す装置を化学電池といいます。各種の乾電池も化学電池の仲間です。ここでは，化学電池の仕組みを考えてみましょう。

実験　電池をつくってみよう

①電解質水溶液と金属板で化学電池をつくってみよう。
　銅や亜鉛など2種類の金属板に導線をつなぎ，電子オルゴールをつなげる。金属板どうしが触れ合わないようにしてビーカーにセットし，電解質水溶液（うすい塩酸や5％食塩水）を入れる。次に電圧計をつないでみる。

②備長炭に濃い食塩水で湿らせたろ紙を巻く。ひと回り小さいアルミニウムはくをその上に巻く。アルミニウムはくと備長炭それぞれに導線をつないで，オルゴールやモーターにつないでみる。

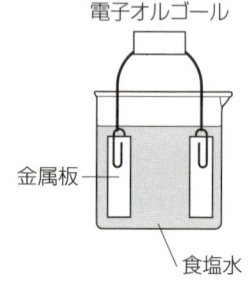

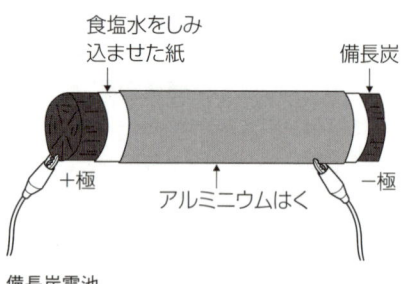

食塩水に電子オルゴールをつないだ2種類の金属板をつけてみると，音が聞こえました。電解質水溶液の種類や金属の組み合わせを変えたりすると，音やモーターの回る様子が変化しました。電圧計をつないでみると，針が右にふれたときと左にふれるときがありました。

2種類の金属と電解質溶液で電池ができるのです。

金属の組み合わせにより，どちらの金属が−極，＋極になるか決まります。

備長炭電池も電気を取り出すことができます。長時間電流を取り出したあとの備長炭電池を調べると，アルミニウムはくがボロボロになっていました。アルミニウムが反応して電流になったことがわかります。

4　電池の仕組み

　食塩水と金属の電池で，金属の組み合わせをいろいろ変えて電子オルゴールの音を比べると，－極に，マグネシウム，アルミニウム，亜鉛で，＋極に銅を使うと大きなクリアな音が出ました。

　金属によって，陽イオンになりやすさの傾向が違います（P.165 コラム参照）。

　－極に，亜鉛よりはマグネシウムを使ったほうが，電子オルゴールの音が大きくなりました。どうも－極には，イオンになりやすい金属がよさそうです。逆に，＋極には，イオンになりにくい金属がよさそうです。

　例えば亜鉛と銅を用いた電池では，亜鉛の方がイオンになりやすいので，陽イオンになりやすい亜鉛 Zn が電子を放出してイオンになり，水溶液中に溶けていきます。

　－極　　　$Zn \rightarrow Zn^{2+} + 2e^-$
　　　　　　亜鉛　　亜鉛イオン　　電子

　亜鉛から出された電子は導線を流れて回路をめぐり仕事をして，＋極へ流れます。

　＋極の銅板に流れ込んだ電子は，電子を受け取りやすいものに渡されます。うすい硫酸や塩酸なら水素イオン H＋ に，食塩水なら水分子に渡されます。

　＋極　　　$2H^+ + 2e^- \rightarrow 2H \rightarrow H_2$
　　　　　　水素イオン　電子　　水素原子　水素分子

　この一連の流れをみると，電流回路ができています。これが電池の仕組みなのです。

　うすい硫酸の中に銅板と亜鉛板を離して入れると，銅板は変化せず，亜鉛板からは水素が発生します。次に銅板と亜鉛板を導線でつなぐ（あるい

は先端を接触させる）と，亜鉛板からも水素が発生するが，銅板からも水素の発生が見られます。

　これは，亜鉛板からの電子が導線を流れて，銅板で水素イオンに渡されて，水素原子から水素分子になったと考えられます。銅板と亜鉛板，うすい硫酸を用いた電池を，その発見者の名をとって「ボルタの電池」といいます。

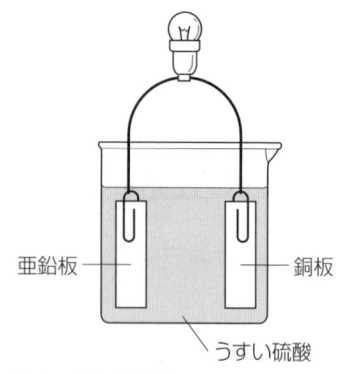

図2　ボルタの電池

　ここで電池において，実際に－（負）極で電子を出しているもの，＋（正）極で電子を受け取っているものを，それぞれ負極活物質，正極活物質といいます。ボルタの電池では，負極活物質は亜鉛，正極活物質は水素イオン（あるいは硫酸）になります。

　なお，ボルタの電池は，導線（回路）を流れるべき電子の一部が亜鉛のまわりの水素イオンに渡されて水素の発生に使われたり，その水素で電極がおおわれて，電池としてのはたらきがすぐに弱くなりやすい欠点があります。

5　実用電池

　実際に私たちが利用している電池の様子を見てみましょう。

　電池には，使い切りの一次電池と充電可能な二次電池（蓄電池）があります。

　よく使われている一次電池には，マンガン乾電池やアルカリマンガン乾電池（アルカリ乾電池）がありますが，どちらも負極活物質には亜鉛が使われています。

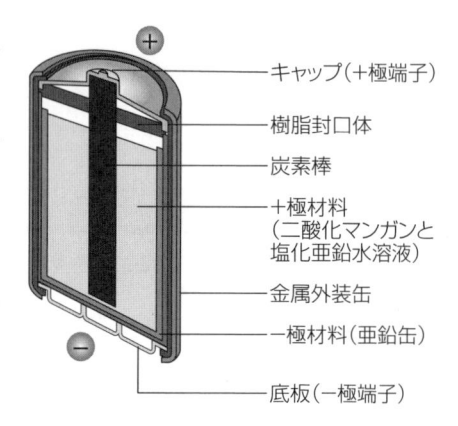

図3　マンガン電池の様式図

第4節 電気分解と電池

よく使われる二次電池には鉛蓄電池やリチウムイオン蓄電池があります。

6 燃料電池[※1]

水の電気分解では，電気エネルギーを用いて水を水素と酸素に分解しました。

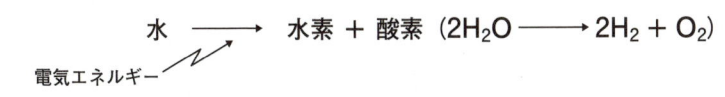

$$\text{水} \xrightarrow{\text{電気エネルギー}} \text{水素} + \text{酸素} \quad (2H_2O \longrightarrow 2H_2 + O_2)$$

水の電気分解とは逆の，

$$\text{水素} + \text{酸素} \xrightarrow{} \text{水} \quad (2H_2 + O_2 \longrightarrow 2H_2O)$$
電気エネルギー

という化学変化を起こせば，電気エネルギーを取り出すことができます。この装置は，水の電気分解とは逆の化学変化（水素を燃料に使った場合の水素の燃焼と同じ化学変化）を利用しているので燃料電池といいます。

燃料電池は，電気エネルギーへの変換効率が高く，有害な排気ガスが出ないなどのメリットがあります。一方，その普及には，多量に使う水素の製造自体にエネルギーがかかるので水素をどうつくっていくか，水素の保存・管理が難しい，という問題があります。

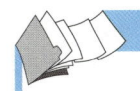

科学コラム

次世代の自動車として期待される燃料電池自動車

2014年，日本の自動車メーカーから「MIRAI」という水素で走る燃料電池自動車（Fuel Cell Vehicle, FCV）が発売されました。量産型としては世界初となるものです。この車は，燃料としてガソリンの代わりに水素を搭載（高圧タンク内）し，燃料電池で発電します。駆動力は電気モーターなので電気自動車のなかまです。

FCVは，1990年代に第一号車が発表されてから急速に開発が進められています。有害な排出ガスを排出しません。排出するのは水だけです。

電気自動車がバッテリー（重量が大きい）に電気エネルギーを充電するのに対し，FCVでは，ガソリン自動車のように燃料の水素を補充すれば走ることができます。ただし，大気圧の700倍（70MPa）程度の高圧で水素を充塡する必要があります。またガソリンスタンドの代わりに，各地に水素ステーションを設置する必要があり

※1 燃料電池については，第5章第1節（P.119）のコラムも参照。

ます。水素の製造方法，水素ステーション，自動車としての使い勝手やコスト面など，解決すべき課題も多く残されています。

科学コラム

化学電池

電池は，大きく化学電池と物理電池（太陽電池や光電池など）に分けられます。ふつうは化学電池を指します。化学電池は，酸化と還元の反応を利用して化学反応のエネルギーを電気エネルギーに変える装置です。

化学電池は一般に，一度使いきったら終わりの一次電池と，充電して使用可能な二次電池に分けられます。一次電池にはマンガン乾電池，アルカリ（マンガン）乾電池，アルカリボタン電池，リチウム電池など，二次電池にはニカド電池，ニッケル水素電池，リチウムイオン電池，鉛蓄電池，アルカリ蓄電池などがあります。

電池は「なくなる」まで，負極から回路を通って正極に電子が移動していきます。負極側に電子をどんどん出してくれる物質があるのです。正極には，その電子を受け取る物質があります。

たとえば，マンガン乾電池やアルカリ乾電池では，負極は亜鉛という金属です。

では，正極というと，すぐ直接的に正極にあるのは炭素棒ですが，実は「集電剤」という役目をしていて正極で電子を受け取って反応する物質ではありません。

そこで，単に負極や正極というと，実際の主役が見えにくくなるので，実際の主役を「負極活物質」「正極活物質」といいます。

マンガン乾電池やアルカリ乾電池では，負極＝負極活物質＝亜鉛です。金属の亜鉛 Zn が亜鉛イオン Zn^{2+} になるときに電子を放出します。亜鉛はイオンになりやすい，つまりイオン化傾向が大きい金属です。

正極活物質は，マンガン乾電池，アルカリ乾電池共に二酸化ガン［正式名称：酸化マンガン（IV）］です。

希硫酸に銅板と亜鉛版を入れると電池ができます。しかし，いろいろな理由ですぐに生じる電圧が小さくなってしまいます。そのときに，過酸化水素水や二クロム酸カリウム水溶液といった物質（酸化剤）を入れると回復します。これらの物質は，新しい正極活物質なのです。それまで電子を受け取っていた水素イオンの代わりに，これらの物質が電子を受け取る主役になったのです。

第5節　酸とアルカリ[1]

1. 酸性とアルカリ性

　酸やアルカリは，古来より私たちの生活に深く関係している物質であり，現在では工業的に非常に重要な物質です。
　酸の水溶液やアルカリの水溶液は，それぞれどんな性質をもっているでしょうか。

実験　酸性やアルカリ性の水溶液を調べよう

次の水溶液について調べよう。
　　酸性の水溶液 2 種類……………うすい塩酸，うすい硫酸
　　アルカリ性の水溶液 2 種類……うすい水酸化ナトリウム水溶液，石灰水
　①リトマス紙につけたり，BTB（ブロモチモールブルー）溶液，フェノールフタレイン溶液などを加えたときの変色は，それぞれどうなるか。
　②マグネシウムリボン，スチールウールなどの金属を入れるとどうなるか。気体が発生する様子などを観察しよう。

注意　液がからだについたり目に入ったりしないように注意する。誤って目に入ったときは，多量の水またはホウ酸水で洗い，専門医の診察を受ける。

2. 酸とはなにか

　塩化水素や硫酸，酢酸など，水に溶けて酸性を示す物質を**酸**といいます。酸を化学式で表してみると，
　　　塩化水素（塩酸の溶質）[2]　　　HCl
　　　硫酸　　　　　　　　　　　　H_2SO_4
のようになります。つまり，酸は必ず H をふくみます。
　酸の水溶液はそのほかにも次のような共通の性質をもっています。

● **すっぱい味がする**
　お酢がすっぱいのは，その中に酢酸がふくまれているからです。塩酸で

※1　酸とアルカリの反応については，P.141 も参照。
※2　塩酸は塩化水素の水溶液である。

も，ごくうすい水溶液にしてなめてみるとすっぱい味がします。※1 レモン，ミカン，リンゴ，ブドウなどのくだものも，その中にふくまれる酸によってすっぱい味がするのです。

● 青色のリトマス紙を赤色に変える

青色のリトマス紙を赤色に変える性質を酸性といいます。ですから，赤色のリトマス紙に酸性の水溶液をつけても変化しません。またBTB（ブロモチモールブルー）の緑色の水溶液もリトマス紙とよく似た性質をもっていて，酸性の水溶液を加えると緑色が黄色に変わります。

● マグネシウムなどの金属と反応させると水素を発生する

酸性の水溶液を試験管に入れ，この中にマグネシウムリボンやスチールウールなどの金属片を入れると気体が発生します。この気体は，マッチの火を試験管の口に近づけると音をたてて燃えるので水素であることがわかります。

酸性の水溶液でどんな金属も溶けるわけではありません。例えば，金はほとんどの酸性の水溶液には溶けません。※2

1883年アレニウスは，酸を次のように定義しました。

「酸とは水にとけて水素イオンを出す物質である。」

たとえば塩酸，硫酸は次のように電離して水素イオンを出します。酸の水溶液が持つ共通の性質（酸性）は，水素イオンが原因です。

$$HCl \rightarrow H^+ + Cl^-$$
塩化水素　水素イオン　塩化物イオン

$$H_2SO_4 \rightarrow 2H^+ + SO_4^{2-}$$
硫酸　　水素イオン　　硫酸イオン

※1　酸の中には刺激が強く有害なものもあるので，むやみに薬品をなめてはいけない。
※2　王水（濃硝酸と濃塩酸の約1：3の混合物）という特別な酸は金を溶かす。

3. アルカリとはなにか

　水酸化ナトリウムや水酸化カリウムなど，水に溶けてアルカリ性を示す物質を**アルカリ**といいます。アルカリを化学式で表してみると，

　　　水酸化ナトリウム　　NaOH
　　　水酸化カリウム　　　KOH
　　　水酸化カルシウム　　$Ca(OH)_2$ ※

※ $Ca(OH)_2$ とは，CaとOHの数の比が1：2であることを示す化学式である。

のようになります。つまり，必ず **OH** をふくみ，水に溶けると電流を流します。

　アルカリの水溶液は，そのほかに次のような性質をもっています。

●赤色のリトマス紙を青色に変える

　赤色のリトマス紙を青色に変える性質をアルカリ性といいます。そのほかにBTB溶液の緑色の水溶液をアルカリ性の水溶液に加えると青色に変わります。また，フェノールフタレイン溶液をアルカリ性の水溶液に加えると赤色に変わります。フェノールフタレイン溶液（中性）は無色透明の液体で，酸性の水溶液に加えても色は変わりません。

●指などにつくとぬるぬるする

　アルカリ性の水溶液は，タンパク質を溶かす性質があるため，指にふれるとぬるぬるするものがあります。[※1]

※1　アルカリの中には刺激が強く有害なものもあるので，むやみに薬品を手でさわったり，なめたりしてはいけない。

実験　身のまわりの水溶液が何性か調べよう

リトマス紙　　万能試験紙　　●調べる方法は，リトマス紙，万能試験紙，パックテスト，pHメーターなどいろいろある。

パックテスト

pHメーター

身のまわりにはいろんな水溶液がある。雨や炭酸飲料水，くだものの汁，石けん水など，身近な水溶液が酸性・アルカリ性・中性のいずれかを調べてみよう。

アレニウスは，アルカリを次のように定義しました。

「アルカリとは，水にとけて水酸化物イオンOH^-を出す物質である。」

水酸化ナトリウムや水酸化カルシウムは，水にとけると次のように電離して水酸化物イオンを出すのでアルカリです。

$NaOH \rightarrow Na^+ + OH^-$
水酸化ナトリウム　ナトリウムイオン　水酸化物イオン

$Ca(OH)_2 \rightarrow Ca^{2+} + 2OH^-$
水酸化カルシウム　カルシウムイオン　水酸化物イオン

アンモニアNH_3は，水酸化物イオンをもっていませんが，水と反応して，次のように水酸化物イオンを生じるのでアルカリです。

$NH_3 + H_2O \rightarrow NH_4^+ + OH^-$
アンモニア　水　アンモニウムイオン　水酸化物イオン

4. 酸性・アルカリ性の強さのものさし― pH ―

水溶液の酸性，アルカリ性の程度を表すのによく用いられる単位として **pH**（**ピーエイチ**または**ペーハー**と読む）があります。

水溶液では，普通は pH は 0 から 14 までの値をとります。純粋な水，または中性液は pH = 7 であり，酸性が強くなるにつれて pH は 7 よりも小さくなり，アルカリ性が強くなるにつれて pH は 7 よりも大きくなります。水溶液の pH は，pH 試験紙や簡易 pH メーターなどを用いると，簡単にはかれます（図2・3）。

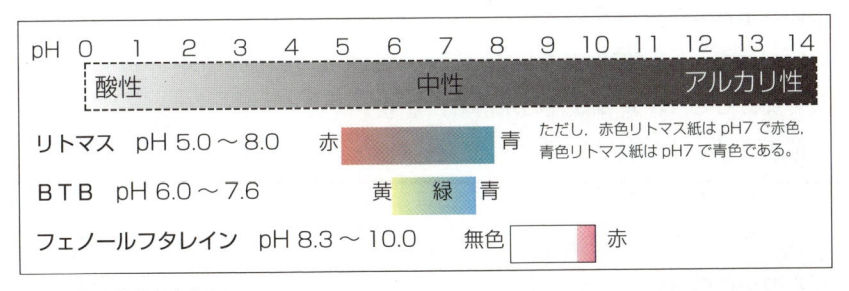

```
pH  0  1  2  3  4  5  6  7  8  9  10  11  12  13  14
    酸性                 中性              アルカリ性
リトマス  pH 5.0〜8.0       赤       青       ただし，赤色リトマス紙は pH7 で赤色，
BTB      pH 6.0〜7.6           黄 緑 青      青色リトマス紙は pH7 で青色である。
フェノールフタレイン  pH 8.3〜10.0   無色  赤
```

図2　指示薬の色変化と pH

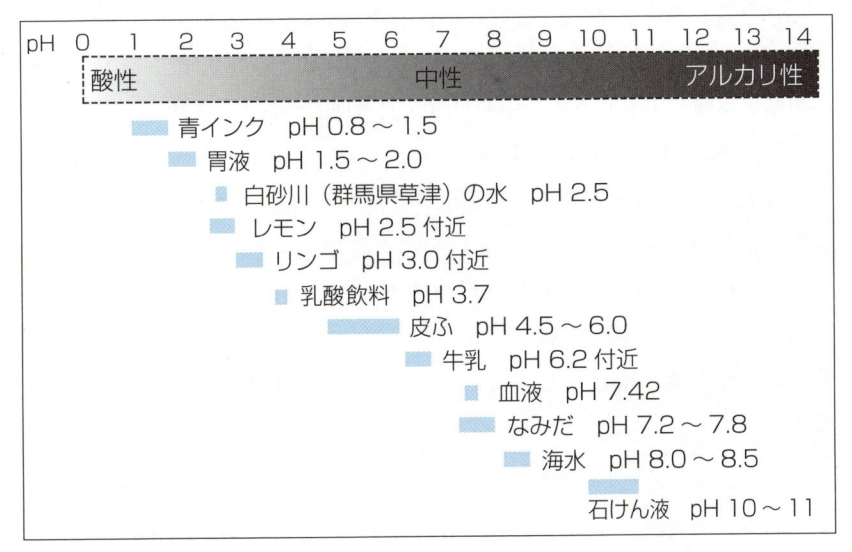

```
pH  0  1  2  3  4  5  6  7  8  9  10  11  12  13  14
    酸性                 中性              アルカリ性
       青インク   pH 0.8〜1.5
        胃液   pH 1.5〜2.0
          白砂川（群馬県草津）の水   pH 2.5
        レモン   pH 2.5 付近
          リンゴ   pH 3.0 付近
           乳酸飲料   pH 3.7
             皮ふ   pH 4.5〜6.0
              牛乳   pH 6.2 付近
               血液   pH 7.42
                なみだ   pH 7.2〜7.8
                 海水   pH 8.0〜8.5
                   石けん液   pH 10〜11
```

図3　身のまわりの水溶液の pH

5. 酸とアルカリを混ぜるとどうなるか

実験　酸の水溶液とアルカリの水溶液を混ぜてみよう

マグネシウムリボンをうすい塩酸に入れると，水素が発生する。そこにうすい水酸化ナトリウム水溶液を加えてみよう。水素の発生の様子が変わるだろうか。
　　　ア　激しくなる　　イ　変わらない　　ウ　弱くなる

　酸の水溶液にアルカリの水溶液を加えていくと，水素を発生しながら金属を溶かすという酸の性質が打ち消され，ついに水素は出なくなります。酸の水溶液にアルカリの水溶液を少しずつ入れていくと，酸性は弱くなり，ついにはちょうど酸性がなくなるようになります。さらにアルカリの水溶液を加えると，アルカリ性の水溶液になります。

　酸の水溶液とアルカリの水溶液を適量ずつ混ぜると，酸性でもアルカリ性でもなくなった状態，つまり中性になります。指示薬を入れた酸の水溶液に，アルカリの水溶液を少しずつ加えていくと，酸性がだんだん中性になるのが色の変化でわかります。

　このように酸とアルカリは互(たが)いの性質を打ち消し合うのです。酸とアルカリが反応して互いの性質を打ち消すことを**中和**(ちゅうわ)といいます。[※1]

　塩酸と水酸化ナトリウムの中和では，次の反応がおこります。

　HCl + NaOH → NaCl + H_2O

　HCl も NaOH も水溶液中では完全に電離しているので上式は，次のように書くことができます。

　H^+ + Cl^- + Na^+ + OH^- → Na^+ + Cl^- + H_2O

　Na^+ と Cl^- は反応の前後で，イオンでばらばらのままなので反応していません。そこで，Na^+ と Cl^- を両辺から除くと，上式は，次のようになります。

　　　H^+ + OH^- → H_2O

※1　より正確には，酸性を示す原因は H^+ というイオンであり，アルカリ性を示す原因は OH^- というイオンである。

このように，反応をイオンの記号で表し，両辺から反応していない共通のイオンを除いて表すと，中和の本質がわかります。

中和は，酸から生じる H^+ とアルカリから生じる OH^- とが結合して H_2O になる反応です。この反応のとき，発熱します。

実験　酸とアルカリを中和させた溶液の性質を確かめよう

うすい水酸化ナトリウム水溶液にうすい塩酸を少しずつ加えて，ちょうど中和反応するように調整する。その溶液から水を蒸発させたとき，あとに残るものはなにか調べよう。

① うすい水酸化ナトリウム水溶液を10cm³取り，BTB溶液を2〜3滴加える。これにうすい塩酸を少しずつ加えてよくかき混ぜ，水溶液の色の変化を調べる。

② 水溶液が緑色になったとき（または通り過ぎて黄色になったとき）1滴スライドガラスに取り，蒸発させて残ったものをルーペなどで観察する。

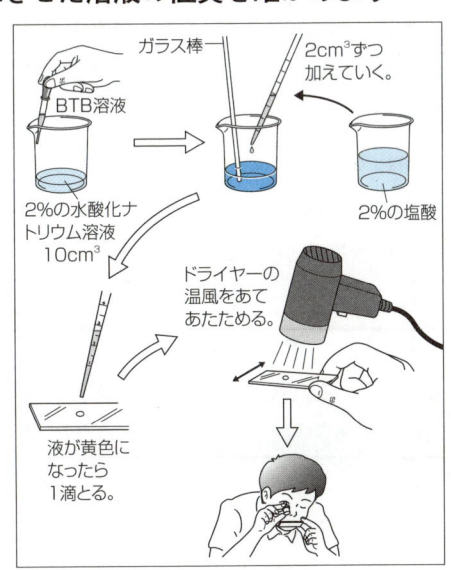

塩酸と水酸化ナトリウム水溶液を混ぜて中性にした溶液をとって，水を蒸発させると白い固体が残ります。観察すると四角い結晶です。これは塩化ナトリウムです。化学式で書くとNaClです。

塩酸と水酸化ナトリウム水溶液を混ぜて中性にした溶液中に残っているイオンは Na^+ と Cl^- です。この水溶液は塩化ナトリウムを溶かしてできる塩化ナトリウム水溶液そのものです。

水を蒸発させると，溶液中に残っていた Na^+ と Cl^- が結びついてNaClが結晶として出てきます。

また硫酸 H_2SO_4 と水酸化バリウム $Ba(OH)_2$ 水溶液を混ぜ合わせると，

白い沈殿ができます。この沈殿は硫酸バリウムという物質です。

$H_2SO_4 + Ba(OH)_2 \rightarrow BaSO_4 + 2H_2O$

$2H^+ + SO_4^{2-} + Ba^{2+} + 2OH^- \rightarrow BaSO_4 + 2H_2O$

このように中和によってできる物質を一般に塩（えん）といいます。

塩酸と水酸化ナトリウムの中和の場合は，HClからのCl$^-$とNaOHからのNa$^+$が結びついて塩化ナトリウムNaClという塩ができます。

硫酸H_2SO_4と水酸化バリウム$Ba(OH)_2$の中和の場合は，H_2SO_4からのSO_4^{2-}と$Ba(OH)_2$からのBa^{2+}が結びついて硫酸バリウム$BaSO_4$という塩ができます。

中和では，

　　　　　酸＋アルカリ→塩＋水

という反応が起きます。[※1]

塩はアルカリの陽イオンと酸の陰イオンからできています。

問題　硫酸と水酸化ナトリウムの中和ではどんな塩ができるでしょうか。名称と化学式を答えなさい。

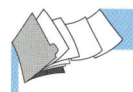

科学コラム

缶詰のミカンはどうやって皮をむくの？

　ミカンの缶詰は，塩酸と水酸化ナトリウム水溶液で房のまわりのうす皮（内皮）をむいてつくります。塩酸も水酸化ナトリウムも，食品加工用として認められた物質です。

　工場では，まず外側の皮をむき，房ごとにバラバラにします。そして，バラバラになった房をうすい塩酸（濃度0.5％程度）に入れ，皮全体を膨張させます。次に，水洗いしてから，うすい水酸化ナトリウム水溶液（濃度0.5％程度）に入れると，うす皮が溶け，食べる身だけが残ります。最後に，この身をよく水洗いして，シロップにつけて缶に詰めるのです。うす皮はペクチン質というものが主成分です。ペクチン質は，身の部分のセルロースよりも酸やアルカリに溶けやすいため，塩酸や水酸化ナトリウム水溶液で白い皮の部分だけ

※1　$HCl + NH_3 \rightarrow NH_4Cl$（塩化アンモニウム）のように，塩だけが中和できる中和もある。

が溶け，身が残るというわけです。

　実験室でやってみるときは，次のようにします。うすい塩酸 250mL が入ったビーカーを約 40 ℃にあたためておき，そこへミカンの房を入れてかき混ぜます。水酸化ナトリウム水溶液 250mL を同じように加温しておいて，そこに塩酸に入れたあと水洗いしたミカンを入れてかき混ぜると，短時間で皮がむけます。最後によく水洗いすれば，この方法でむいたミカンも食べられます。

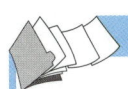

科学コラム

酸性の強い川を普通の川に

　火山地帯では自然界に硫酸ができる場合があります。その一つが群馬県の草津白根火山の近くにある吾妻川(あづま)です。

　この川の水は火山からの硫酸をふくんでいます。そのため，魚や植物などが生育できない水で，毒水とよばれていました。鉄やコンクリートは，強い酸性のためにボロボロになるので，橋げたをつくることさえできませんでした。なにしろ長さ 15cm の太いくぎが 10 日で溶けるほどの強い酸性を示す川だったのです。

　川の水を中和すれば，ずっと酸性が弱くなるはずだと考えられます。

　酸性を弱めるにはアルカリを投入すればいいのです。しかし，大量の川の水を中和するのにはやはり大量のアルカリが必要です。アルカリでも値段の高いものは使えません。実際になんらかの対策を立てるときは，どのくらいお金がかかるのかという費用の問題をないがしろにできないのです。

　そこで，登場するのが石灰石です。石灰石は炭酸カルシウムという成分からできています。アルカリそのものではありませんが，酸の水溶液と混ざると酸性を弱めてしまいます。これなら，石灰石の山からほってきて，粉末にするだけでいいのです。

　その石灰石の粉末を 1 日に平均して 50 ～ 70 t，多いときで 90 t 投入したところ，強い酸性が弱まり，農作物用のかんがい用水として使えるようになっています。毒水が普通に使える水に変わったのです。

　石灰石は安価で多量に入手しやすいので，酸性を弱めたいときによく用いられます。例えば，酸性雨で酸性化した湖を中和するために，粉末にした石灰石をまいたりしています。また，石灰石を焼いてつくった生石灰(せいせっかい)（正式名称(めいしょう)は酸化カルシウム）は，酸性化した土壌(どじょう)の改良のために用いられています。

第7章 私たちと科学・技術

本章の主な内容

第1節 地球環境問題と科学・技術
　　　公害問題 ／ 有機塩素系化合物
　　　大気汚染・酸性雨
　　　私たちと水 −水資源問題と水汚染−
　　　オゾン層の破壊 ／ 地球の温暖化

第2節 私たちになにができるか
　　　科学を学ぶことの意味
　　　地球レベルで考え足もとから行動を

■この章では，それぞれの記述に関連の深い科学を学習した巻の章と節を，右のように示しています。

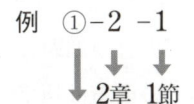

例　①−2−1
　　　↓　↓　↓
　　　　2章 1節

① 化学編
② 物理編
③ 生物編
④ 地学編

第1節　地球環境問題と科学・技術

1. 公害問題

　公害問題は20世紀に入り複雑化し，今や地球規模の環境破壊の問題になっています。このような問題がなぜ起きたのか考えてみましょう。

1. 公害問題から地球環境問題へ

　日本で公害問題が広がり始めたのは，明治時代（1868年から）になってからです。明治維新後，西洋文化を取り入れ経済や産業を急激に発展させていくなかで，足尾鉱毒事件（P.204）に代表されるような，鉱山周辺での鉱煙毒問題（川の汚染に加え，硫黄分や硫酸をふくんだすすや煙により森林などが被害を受けた）が発生しました。その後，工場の排煙・排水による汚染問題など，さまざまな分野に公害問題が広がっていきました。しかし国や企業は人々の生活を無視し環境の汚染を無視して，産業の発展を優先させていったのです。戦後の高度経済成長期（1955年ごろから）に入ると，日本の公害問題はピークをむかえました。

　当時の公害問題は，原因となる環境汚染物質の発生源がはっきりしていたので，1960年代の後半以降，住民運動が高まる中で公害対策基本法や水質汚濁防止法などの法律ができ，環境汚染物質の発生を規制することによって急速に改善していきました。また，環境汚染物質を外部に出さないような技術や，汚染物質自体をつくり出さない技術が開発され，日本は世界で最も公害対策技術の進んだ国になりました。

　1980年代に入ると，地球温暖化に始まり，オゾン層の破壊（P.205）・森林の減少・酸性雨（P.199）・海洋汚染・生物種の減少・砂漠化・水資源の枯渇などが大きな問題になってきました。これらの問題は地球全体におよぶ広範囲での環境破壊です。今までの公害のように汚染物質が特定の場所で発生するのではなく，電気などのエネルギーの消費，ゴミ問題など，世界中でくらしている私たちの日常生活そのものが，さまざまな環境問題の原因の1つになっているという特ちょうがあるのです。

2. 戦後最大の公害事件—水俣病—

　地球環境問題が大きな問題になっているからといって，足もとの公害問題を忘れてはなりません。公害問題はまだ解決していないし，これからも新たな公害問題が出てくる可能性があります。

　ここで，日本における戦後最大の公害事件である水俣病についてふり返っておきましょう。

　水俣病は，工場排水中のメチル水銀という物質が食物連鎖の上位にある生物の体内に濃縮し，メチル水銀が蓄積された魚介類を食べ続けることによって発生したメチル水銀中毒症です。熊本県水俣市で最初に発見されたので，このようによばれています。

　1956年の春，水俣湾の漁村で，手足が自由に動かなくなり，1人で歩くこともできず，言葉もうまく話せなくなるなどの症状が何人かの子どもたちに現れました。症状がひどい場合には死亡してしまうこともありました。発見された年の夏に原因をあきらかにする調査は始まっていました。しかし，原因究明に最も近い立場にいたはずの工場側の化学者や技術者は協力をしませんでした。そのため調査が進まず，メチル水銀が原因物質であるとわかるのに3年という長い時間がかかってしまいました。さらに原因物質がわかったとき，工場側と国は被害の拡大を防止し，被害者を救うための対策をとらなかったばかりか，工場側は原因が自分たちにあることを認めず，適切な排水の処理もしませんでした。そのため，被害はどんどん大きくなっていきました。

　このような国や工場側の対応にもかかわらず，水俣病の発症はじょじょに減っていきました。これは，地域の住民が魚介類に危険があることを知り，それらを食べなくなったからです。そのため，根本的な解決をしないうちに，水俣病は終わったかのように思われました。

3. くり返される被害—第二水俣病—

　水俣病の原因究明から6年たった1965年，今度は新潟で第二水俣病が発生しました。水俣と同じで，やはり化学工場から出された排水中のメチル水銀が原因でした。しかし新潟では，原因があきらかになるまで水俣のよ

うには時間はかかりませんでした。このことがきっかけで，水俣病がまだ解決されていないことがわかり，忘れられかけていた熊本の水俣病も見直されることになりました。

　水俣病が発見されてから約12年たった1968年9月26日，国（当時の厚生省）は，水俣病を公害病と正式に認定しました。これは水俣病の原因があきらかにされてから，9年もかかったおそすぎる対応でした。その後，化学工場では，排水の処理の仕方を，生産の過程で生じるメチル水銀が排出されない方法に改良しました。さらに，水銀自体を使わない生産方法に切りかえました。

4. 水俣病から見えてくること

　水俣病は，人間がつくり出した化学物質が環境に放出され，さらに食物連鎖をへて被害を出すことがわかった世界で最初の公害病です。

　現在，私たちの身のまわりには，100年前にはなかった多くの人工的な化学物質があります。このような化学物質は，私たちの生活を豊かにしてくれました。しかし，多くの化学物質については環境や人のからだにどのような影響をあたえるかまだよくわかっていません。人のからだは，自然界にあまり存在しない化学物質や，人工的な化学物質に対してほとんど無防備です。メチル水銀[※1]やカドミウムなどの有害な化学物質によって障害が起こると，治療は非常に困難です。また，有害な化学物質の中には，母親のおなかの中にいる胎児にまで影響をあたえるものがあります。水俣病は，このような影響が確認されたはじめての公害病でもあったのです。

　有害な化学物質は，一度環境に放出されてしまうと，たいへんな手間や費用をかけても完全に回収することは困難です。そのため私たちは，環境への影響や被害が起きる可能性があるということを常に考えておく必要があります。さらにそれらの可能性を科学的に調べ，その被害を予測して対応し，環境への影響を最小限におさえることが重要です。

　※1　公害病として知られるイタイイタイ病の原因物質で，呼吸のときにすいこんだり，食べ物にまぎれて口にしたりすると，肺や消化器，肝臓，骨などに障害を起こす。

2. 有機塩素系化合物

1. 殺虫剤として活躍したDDT

　塩素の化合物ですぐに思い浮かぶのは，塩化ナトリウム（食塩）です。食塩は調味料として毎日のように使われていますが，食塩の中の塩化物イオンは，私たちのからだをめぐるだけで，どこかの組織に蓄積されるなどということはありません。

　ところが同じ塩素原子でも，有機化合物の一部として炭素と結合した形のものは事情がちがってきます。塩素原子をふくむ有機化合物は，体内で分解されることなく，からだの組織，主として脂肪を多くふくむ組織に蓄積されていきます。現在では使用が禁止されていますが，DDTという殺虫剤はこの原理により害虫のからだの中に入りこみ，神経のはたらきを妨害する毒として作用し，害虫を殺します。例えば，恐ろしい伝染病のマラリアを媒介するハマダラカという昆虫を殺すことによって，過去50年にわたって何百万人もの命を救ってきたのです。

　DDTは，このように非常に役に立つ殺虫剤でしたが，なぜ使用禁止になってしまったのでしょうか。

　石けんのようにもともと天然物（動植物の油脂）が原料であったものは，自然界に排出されたあと，バクテリアなどの微生物が分解してくれます。下水に流された石けんも微生物にとっては食物になるわけです。しかし，DDTは人間がつくり出した化合物（合成品）であったために，それを分解できる微生物はいませんでした。そのため散布されたDDTは分解されずに環境中に蓄積し，昆虫から鳥や魚へと食物連鎖によって濃縮されてしまいました。その結果，多くの鳥の卵の殻が正常につくられなくなったり，魚やそれを食べる動物体内での蓄積が問題になりました。1970年代の調査では，日本人の脂肪組織や母乳，牛乳からも検出されています。その後，各国でDDTの使用が禁止されていきました。

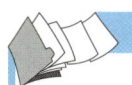

科学コラム

環境ホルモン

　近年，"環境ホルモン"という言葉を耳にするようになりました。正しくは，"外因性内分泌かく乱化学物質"といいます。本来のホルモンは，ごく微量で私たちのからだの調子を整えたり，からだの発育を調節したり，男らしさ，女らしさを出すように調節する物質です。からだの中でつくられ，特定の場所（器官）ではたらく仕組みになっています。例えば，エストロゲン（17β-エストラジオール）という女性ホルモンは，コレステロールという体内物質からつくられます。

　ところが，人工的につくられた化学物質の中にも，ホルモンのような作用をするものがあることがわかりました。ある種のプラスチックに加えてプラスチックの性能を改良する，ビスフェノールAやノニルフェノールがその代表です。これらの化学物質が生物に取りこまれると，とても弱いながら（作用はホルモンの1000分の1以下）エストロゲンのような作用をします。からだの調節機能などを"かく乱"してしまうのです。例えば，アメリカ，フロリダ州のアポプカ湖では，ワニのタマゴのふ化率が20％を下回っていて，卵からかえったワニにも，オスの8割に成長不良や性器異常（メス化）が起こっていました。現在，これらの物質の環境中の分布調査や，環境への影響調査が行われています。

2. 変圧器などに多用されたPCB

　このような例はほかにもあります。PCBとよばれる油状の物質は，電気をしゃ断する性質に優れていたので，電柱の上についている変圧器や蛍光灯のトランスの絶縁体として広く使用されていました。それによって安くて高性能な送電設備をつくることができたので，発電所から遠いところに住む人々も電気を利用することができました。PCBは，書類の写しを取るときのノーカーボン紙にも使われました。

　ところが，PCBも1970年代に入ると使用が禁止されるようになりました。古くなったトランスの廃棄時に大量に出るPCB（廃棄物）の，うまい処理方法がなかなか見つからなかったからです。塩素を多くふくむ有機物は，燃えにくかったり，燃やすと有害なガスを発生してしまうので，簡単に焼きゃく処分するというわけにはいかないのです。

PCBは現在，人の健康を害する物質の1つとして，法律により有害産業廃棄物として定められ，処分時には厳しい規制を受けます。
　また，製造過程でPCBやダイオキシン類などが混入した米ぬか油を人が摂取(せっしゅ)して起こった中毒事件（カネミ油症事件）もありました。はき気，無気力，皮ふの障害，内臓への障害などの症状がみられました。これらの症状は，PCBなどが脂肪に蓄積したため，長期間にわたり続きました。さらに母親の胎盤(たいばん)から胎児へ，母乳から乳児へと，障害がおよびました。

3. ダイオキシン問題
　近年，猛毒(もうどく)の有機塩素化合物として知られるようになったダイオキシン類は，今までみてきた例とはあきらかにちがっています。人類はわざわざダイオキシン類をつくろうと思ってつくったわけではなかったのです。ダイオキシン類は，塩素をふくむ有機物などをごみとして焼きゃくするときに，燃焼(ねんしょう)温度が十分(じゅうぶん)高温になっていないと，わずかながらできてしまうことが知られています。ごく微量でも猛烈(もうれつ)な毒性を示しますから，ほんのわずかにできるだけだとしても油断はできません。
　人体への被害例は皮ふや内臓の機能障害などが知られていますが，人体への影響調査はまだ十分に広範囲にわたってなされていません。動物実験では，発がん性なども報告されています。
　ダイオキシン類は，十分高温の焼きゃく炉(ろ)で廃棄物を完全に燃やせば，事実上，まったく排出されないことがわかっていますから，ごみの燃焼方法の改善，特に燃焼温度に注意して決められた方式で廃棄物を処理することが有効な対策になります。

3. 大気汚染・酸性雨

1. スモッグはいつごろから
　光化学(こうかがく)スモッグや酸性雨には，大気汚染による公害としての歴史があります。いつごろから，人々は大気汚染になやまされてきたのでしょうか？
①-5-3
　イギリスでは，石炭が使われるようになった13世紀ごろから大気汚染になやまされ，18世紀にはロンドン議会で石炭燃焼禁止令が可決されたほど

です。18世紀後半に産業革命が起こると，石炭は暖房のためだけでなく，コークスとして鉄を大量生産したり，蒸気機関による動力用としても多用されました。煙突からはき出されるばい煙や，硫黄酸化物（SO$_X$，主成分は亜硫酸ガスSO$_2$）という酸性の排ガスが広がるようになると，しばしば，スモッグによる健康被害や災害が発生します。

スモッグという言葉は，1909年にイギリスのグラスゴーで，ばい煙と霧が原因で多数の死者を出す災害が起きたときに名づけられました。※2 人体への直接の影響としては，主に気管支や肺などの呼吸器に害をおよぼすことが知られています。

2. 日本の大気汚染公害

第二次世界大戦後，世の中は石油中心の社会に変わり，鉄道も電気やディーゼル機関を動力源にするようになり，ばい煙問題は少なくなったものの，硫黄酸化物はあいかわらず多いままでした。日本でも公害対策が不十分なまま工業が発達したため，石油コンビナートの近くでは，四日市ぜんそく，川崎ぜんそくなどの被害が発生したのです。

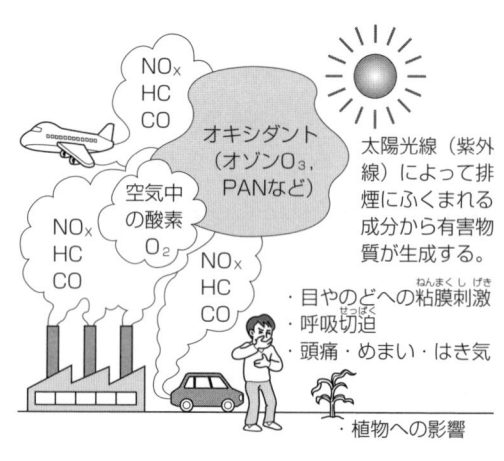

石炭や石油には，もともとの動植物のタンパク質に由来する硫黄がふくまれているので，燃焼すると空気中の酸素と結びついて硫黄酸化物になります。そこで，燃料の重油を硫黄分の少ないものにかえたり，工場の煙突に硫黄酸化物を除く装置を取りつけたりと，大急ぎの対策がとられました。

図1 光化学スモッグ

※1 燃料を燃やすと出るすすと煙のこと。
※2 煙（smoke）と霧（fog）からスモッグ（smog）という用語がつくられた。
※3 オキシダントは正確には光化学オキシダントといい，主成分はオゾンで，ほかにPANとよばれる硝酸の過酸化物が特定されている。

オキシダントという酸化力の強い物質による大気汚染もあります。自動車の排ガスや工場からの排煙にふくまれる窒素酸化物（NO_X，主成分は二酸化窒素 NO_2）や炭化水素（HC）に，夏場の強い太陽光線，特に紫外線が作用して，オキシダントとよばれる有害物質をうみ出したのです。これは太陽光線のエネルギーで引き起こされる化学反応なので，光化学スモッグといわれます。

光化学スモッグ発祥の地はアメリカのロサンゼルス（1943年）です。東京でも，1970年に初めて発生しました。

その後，対策が進められてきましたが，紫外線量の多くなる夏には，特に都市部で光化学スモッグの注意報や警報が何回も出されています。

3. 酸性雨

大気汚染の結果，酸性雨の降ることが問題になっています。酸性雨とは，燃料の燃焼などで工場や車から排出された窒素酸化物や硫黄酸化物，および大気中で生成した硫酸などが，雲粒や霧の核となったり，雨に溶けこんで，pHが低下した雨や霧などが降る現象です。雨は大気中の二酸化炭素を溶かしながら降るため，もともとpH5〜6程度の酸性ですが，日本では1960年代から，雨の酸性化の強まる傾向があきらかとなっていました。近年ではpHが4.0以下を記録することもあります。最近の雨はpH4.8〜4.9（年平均値の全国平均）です。

酸性雨が日本で初めて問題になったのは1970年のことです。この年の夏，近畿地方や三重県四日市市では，雨に当たったアサガオの花びらが脱色されてしまう現象が観察されました。また，1973〜1975年ごろ，関東地方では人体被害の届け出が多く出されました。目や皮ふの刺激が主なものです。これは各種大気汚染物質が霧などの細かい水滴に溶けこんだものが原因と考えられ，湿性大気汚染ともよばれます。

工業化の進んだ北ヨーロッパやアメリカ東北部では，強酸性の雨により過去20年間に森林生産は減少し，サケ，マスなどの魚類が姿を消した地域もあります。また，酸性雨が石づくりの歴史的建造物や金属製の像などの文化遺産を少しずつ溶かしたり，コンクリートの内部にしみこんで，石灰

・森林を枯らし，森林の生態系に影響を与える可能性

・近隣の生態系にも影響

・目や皮ふへの刺激

・歴史的建造物や金属の像を溶かす

土壌の酸性化

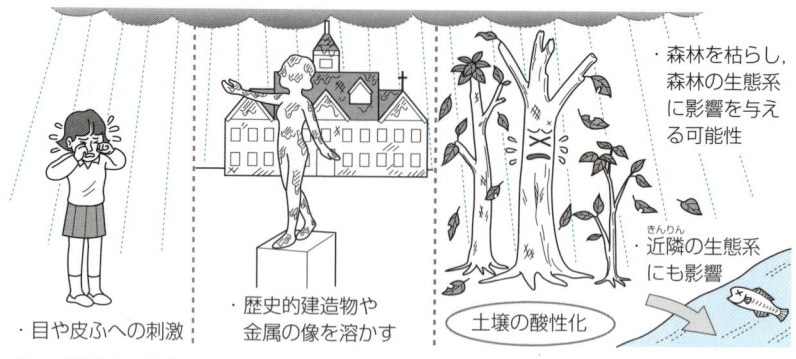

図2　酸性雨の影響

分（アルカリ性）を溶かし，くずれやすくするなど，人工物に対する被害も知られています。

　酸性雨により土壌が酸性化されると，微生物の活性を弱めてしまいます。また，土壌中の無機塩類は酸性の水に溶けて流し出されてしまうので，森林では土壌中の栄養分の量が低下します。その影響がいちじるしいと，森林を枯らし，森林の生態系に重大な影響をあたえることが予測されます。日本でもスギ，モミ，アカマツの立ち枯れなどの被害は，酸性雨の影響ではないかという指摘がありますが，一方で光化学オキシダントなどの大気汚染が原因であり，酸性雨あるいは土壌の酸性化とは関係がないという研究成果もあって，まだ十分に解明されていません。ここでは，酸性雨の対策と大気汚染の対策をあわせて考えてみましょう。

4. 日本の大気汚染・酸性雨対策

　現在，大気汚染防止法にもとづき，空気中の各種大気汚染物質の量は常に監視されています。これらの監視をしている測定局の報告によれば，二酸化硫黄および一酸化炭素による汚染については，近年は良好な状態が続いていますが，二酸化窒素，浮遊粒子状物質（黒いすすなど）および光化学オキシダントによる汚染については，大都市を中心にまだまだ厳しい状況にあります。特に二酸化窒素の環境基準は，東京，横浜，大阪などの

※1　環境省大気汚染物質広域監視システム（愛称：そらまめ君）で公開されている。
　　　http://w-soramame.nies.go.jp/

大都市地域では，ほとんど達成されていません。また，特に高濃度の二酸化窒素が観測された測定局は，都心部に集中しています。

環境省では，環境基準を達成させるために，大きな工場や火力発電所など，原因物質の固定発生源への対策，自動車のような移動発生源への対策，都市部の交通渋滞がもたらす大気汚染対策などを，より強力に推進していくことを目標としています。

5. 国境をこえる大気汚染

国際的にみると，日本は硫黄酸化物，窒素酸化物の排出量は少ないほうです。しかし，風に乗った汚染物質は海や国境をこえて移動します。

中国内陸部の工業地帯では硫黄分の多い石炭が使われており，中国国内の酸性雨問題とあわせて，風下側の日本や韓国への影響が心配されています。同様にドイツから東ヨーロッパ，北ヨーロッパにかけての地域，アメリカの東北部とカナダの南東部の地域でも国境をこえた汚染が問題になっています。

このような地球規模の大気汚染を防止するには，関係国が力を合わせて発生源について対策をとることが重要です。例えば，硫黄分の少ない燃料を使うこと，できるだけ完全燃焼させること，酸性の排ガスを水酸化カルシウム（アルカリ性）などで吸収させること，排煙の浄化装置を発生源の火力発電所や大きな工場などに取りつけることなどが考えられます。先進国は経済協力や技術援助などを行い，また，世界中の人々がみな，地球環境を守っていくことの重要性を理解できるように，環境教育を充実させていく必要があるでしょう。

6. 環境を守るのは地道な観測と監視活動から

日本では 1983 年度以降，現在の環境省が中心となって酸性雨，陸水，土壌・植生などの総合的な監視活動（モニタリングという）を行っています。また，2000 年には，国際的な監視を行うために，関係国と協力して「東アジア酸性雨モニタリング・ネットワーク」をスタートさせました。

1990 年代以降，教育の場でも，多くの小・中学校，高等学校などが参加した酸性雨調査が行われています。なかには，測定結果を集計し，インター

ネットを使って発信しているプロジェクト（企画）もあります。
　各方面で行われている，このような継続的な観測は，大気汚染・酸性雨問題の解決に大きな力となることでしょう。

4. 私たちと水——水資源問題と水汚染——

1. 地球は「水惑星」

　宇宙から見た地球は青い海と白い雲につつまれ，美しくかがやいています。それは地球の表面積の約 70 % が海だからです。太陽を中心として，8 個の惑星が公転していますが，これら 8 個の惑星の中には地球以外に表面が多量の液体の水でおおわれているものはありませんし，生命の存在の証拠が見つかっているものもありません。

　生物は水の中で誕生し，進化しました。また，水は私たちのくらしとも強く結びついています。

　水に満ちた地球は水の惑星とよばれます。地球上にある水の量は，あまりにも多いため，集めてはかることはできません。科学者によって推定された値の 1 つを見てみましょう。

　地球上には水が約 14 億 km^3 あります。そのうちの約 97.5 % が海水で，陸地にある氷，川，湖や沼，地下水などの淡水は約 2.5 % くらいです。淡水の大部分は南極・北極などの氷で，川，湖や沼，地下水などの淡水は地球上の水全体の約 0.7 % しかなく，そのほとんどは地下水です。

2. 世界と日本の水不足

　世界には，人口増加や水質汚染などのために水不足になやんでいる国がたくさんあります。現在，とくに中国，インド，中央アジア，中東など 31 か国が水不足になやんでおり，今後それはさらに進み，2025 年には 48 か国にふえると予測されています。

　また，国境をこえて流れる河川（国際河川）では，上流と下流の地域間で水の取り合いなどの問題が起きています。「20 世紀は領土紛争の時代だったが，21 世紀は水紛争の時代になる」といわれるゆえんです。

　日本は，1 年間に降る水の量（年降水量）は多いのですが，人口 1 人あ

たりに直してみると，決して水にめぐまれているとはいえません。それは，雨の降る季節がかたよっているからです。ほとんどの地方で梅雨期・台風期に，日本海沿岸では冬季に，まとまって降ることが多く，これらの中間期には降水量が少ないのです。そのため，川の流量も影響を受けて，降水期には水害が発生し，中間期には水不足になるおそれがあります。特に雨が少ない年には，各地で水不足問題が発生しています。

日本は，大量の水を使ってつくられる農産物をはじめ，工業製品，木材などの多くを世界中の国々から輸入しています。つまり日本は，それら輸入品を通して大量の水を輸入しているのと同じことなのです。

3. 国際的な取り組み

人口増加や環境破壊による世界的な水不足と水質悪化に対応するため，世界水フォーラム※1という国際会議が開かれています。そこでは各国の大臣クラスの責任者が集まる会議も開かれて，淡水の生態系の健全さを守る基準を各国がつくり，生活維持に必要な水を確保できない人の割合を減らすことを目指しています。水不足解消に必要な対策として，人類の水使用量の70％を占める農業分野での水利用の効率化や，国際河川の共同管理，水資源整備の投資額を現在の2倍以上にふやすことなどが提唱されています。

トライ 世界の水不足の様子や，その影響を調べてみよう。第3回世界水フォーラムでは，どんなことが話し合われたか，新聞やインターネットなどで調べてみよう。

4. 水はどのように汚されてきたか

人間活動の結果，川，湖や沼，海などに種々の物質が流しこまれ，水本来の状態でなくなることを**水質汚染**といいます。水が汚されると，飲料水，農業用水，水産用水，工業用水，レクリエーションなどでの利用に影響が出ます。特に，水道水の水源が汚染されると大問題になります。

急激な産業の発展のために水質汚染が進み，現在，世界の60億人のうち

※1 第3回世界水フォーラムは，世界水会議（WWC）の提案により，2003年3月，京都，大阪，滋賀を結んで開かれた。

5人に1人が安全で生活に必要な水を確保できずにいます。さらに，毎年300〜400万人が水の汚染などが原因で死亡していると推定されています。

日本では，明治のはじめ，栃木県の足尾銅山から流れ出した銅やそのほかの重金属化合物によって，渡良瀬川が汚染されました。これを足尾鉱毒事件といいます。この足尾鉱毒事件では，下流の広い範囲の田畑が被害を受けました。

その後，工業の発展と生産規模の拡大，都市部への人口集中などによって，汚染物質の種類も多くなりました。1960年代の高度経済成長時代には，紙・パルプ工場排水，硫酸廃液，石油流出，水銀やカドミウムなどの重金属をふくむ排水，PCBや農薬によって，水質の汚染，魚貝類の汚染などの事故が起こりました。汚染の発生源が時代とともに移り変わり，鉱山から工場へ，そして近年では生活排水や農地からの排水も原因の1つになっています。

琵琶湖や霞ヶ浦では，生活排水中のリンがソウ類の栄養分となり，ソウ類が異常発生しました（このような原因で，ソウ類の異常発生と，それにともなう水質の悪化が起こることを富栄養化といいます）。同様にプランクトンが異常発生すると，赤潮になります。

地下水汚染も大きな問題です。機械部品などの洗浄剤として使われ，発がん性のあるトリクロロエチレンや，大腸菌，重金属などに汚染されて，地下水が飲めなくなっているところがふえています。日本の水道の3割は地下水を水源とし，人口の3〜4％が井戸水で生活していると考えられています。ですから，地下水の汚染は大きな問題です。いったん汚染されると，それを浄化するにはたいへんな時間とお金がかかります。

5. 水質汚染の防止に向けて

このような現代の水質汚染を防止するには，工場の排水を規制したり，下水道の整備を行って生活排水のたれ流しをなくすことが重要です。それとともに，土地の利用計画を立てたり都市の整備をするときに，排水のことまで考えた総合的な環境管理をあらかじめ計画に盛りこむことも必要です。

5. オゾン層の破壊

1. オゾン層とは？

大気中の成層圏内の地上 20〜30km くらいまでは，オゾン（O_3）という気体の濃度が比較的高く，オゾン層とよばれます。

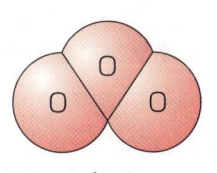

図3　オゾン O_3

太陽の光には，日焼けなどの原因になる紫外線がふくまれています。紫外線の中には生物の細胞を傷つける有害なものがあります。このような有害な紫外線を吸収して地上に届かないようにしてくれているのがオゾン層です。

2. オゾン層は破壊されているのか？

1980年代に入り，北極と南極の上空ではオゾンの濃度が極端に減少していることが判明しました。そして，そのオゾンの減少している部分が南極大陸の上空に開いたあなのように見えることから，**オゾンホール**（ホールは"あな"という意味）とよばれるようになりました。

じつは，成層圏内でオゾンができるためには，太陽の紫外線が必要なのです。北極や南極の冬には，1日じゅう太陽が当たらない，つまり夜が続く期間があるため（図4），オゾンの濃度が減少します。しかし，春になり太陽の光が当たり始めると，再びオゾンができるのです。ところが，1980年代の中ごろになり，春になってもオゾンがふえるどころか，逆に減少するという異常な事態が起こっていることがわかりました。さらに，オゾ

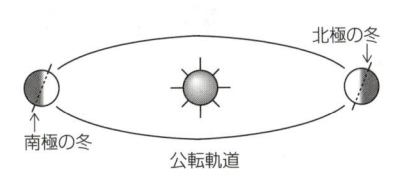

図4　北極と南極の冬

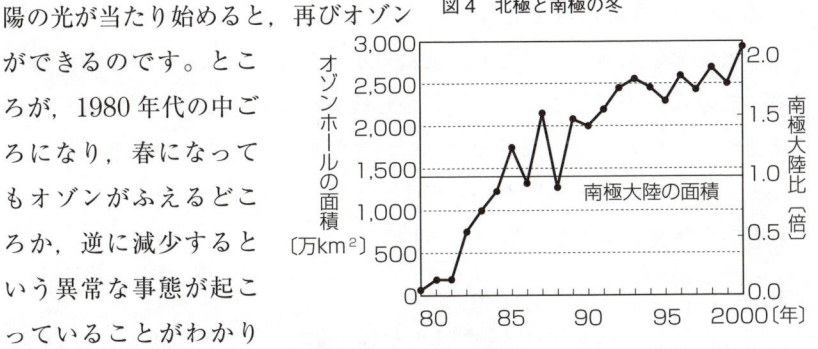

図5　オゾンホールの面積の変化（NASA提供のデータをもとに気象庁で作成）

ンの量が有害な紫外線を吸収しきれないほどに減少していることも判明しました。どうやらオゾン層は，自然な増減の範囲をこえて破壊されているといえそうです。

3. オゾン層を破壊するものはなにか？

以前，スプレー缶のガス・冷蔵庫やエアコンなどの冷却用のガス（冷媒）などにはフロンという気体が使われていました。フロンは燃えない気体で人体に無害なため，さかんに使用されていました。

フロンは地上では便利で安全な物質ですが，空気中に出るとしだいに広がっていき，成層圏に達すると困った物質に変化します。成層圏に達したフロンは紫外線により分解され，このときに生じる塩素原子などが次々とオゾンを分解し，オゾン層を破壊するからです。

4. オゾン層の破壊を防ぐために

オゾン層の破壊を防ぐために，現在では，フロン以外の気体を使うか，オゾンの破壊の程度が少ない代替フロンというものを使うようになっています。※1

2002年には，代替フロンも使用しないノンフロン冷蔵庫の国内販売が開始されました。また，2002年10月からは，自動車を廃車にするときに自動車フロン券というものを購入して，自動車といっしょに廃棄業者にわたすことになりました。この費用はカーエアコンのフロンの回収費用などにあてられます。

5. オゾンを補うことはできないのだろうか？

もっと効果的な解決策として，地上でオゾンをつくってオゾン層に補うことはできないのでしょうか？　しかし残念ながら，この方法は難しいといえます。その理由は，大量のオゾンが必要であり，また，高濃度のオゾンが地上でもれ出すと危険だからです。オゾンは光化学スモッグにより生じる有害な物質の1つでもあるのです。

※1　フロンのかわりにLPガスを使用したスプレー缶は，火の近くで使用すると引火や爆発の危険があるため，注意が必要である。

6. 地球の温暖化

1. 地球の温暖化とは？

　太陽の光を受けると地面の温度が上がります。あたためられた地面からは宇宙に向けて熱（赤外線）が放たれます。しかし，地面からの熱がすべて宇宙ににげるわけではありません。地面からの熱の一部は，大気中にふくまれている水蒸気・二酸化炭素・フロン・メタン（CH_4）・一酸化二窒素（N_2O）などの気体により吸収されるため，気温が上がります。このような気体は，地球の大気を温室の中のようにあたためる作用があるので，**温室効果ガス**[※1]とよばれています。現在の世界の平均気温は約 15℃ですが，もし温室効果ガスがなければ，-20℃くらいまで下がると予想されています。

　地球の表面（対流圏）の平均気温が上昇することを**地球の温暖化**といいます。世界の平均気温は 20 世紀中に 0.6℃上がりました。たったの 0.6℃かと思うかもしれませんが，これはとても大きな変化なのです。

　1990 年代の世界の平均気温は過去 1000 年のうち最高で，また，平均気温の上昇率も最大でした。2100 年の世界の平均気温は 1990 年の時点よりも 2～6℃も上昇すると予想されています。

　気温が上昇すると気候が大きく変化します。その結果，農作物の不作，生態系の変化，砂漠の拡大，マラリアという伝染病の拡大などが予想されています。また，気温の上昇により各地の氷がとけ，海水の体積がふえるので海面が上昇します。海面は 20 世紀中に 10～20cm 上昇しました。2100 年までにさらに数十 cm～1 m 上昇すると予想されています。気候

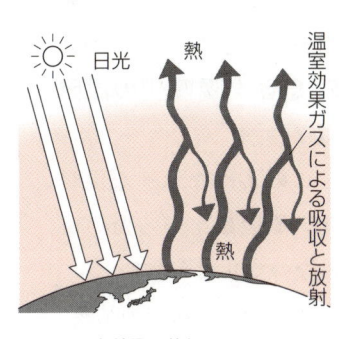

図6　温室効果の仕組み

※1　水蒸気は，強力な温室効果ガスの 1 つであるが，その量を人為的にコントロールすることはできないため，一般的には二酸化炭素などのことを温室効果ガスとよんでいる。温暖化の効果全体（水蒸気の影響を除いて 100 %とする）に占める，それぞれの温室効果ガスの影響は，概数で，CO_2：60 %，CH_4：20 %，N_2O：6 %，フロン類（CFC, HCFC）など：14 %，代替フロン類など：1 %以下，となる。この数値は，各気体の温室効果の強さと空気中の存在比率から計算されたものである。

変化と海面上昇の結果，高潮や洪水による被害の増加が予想されています。

2. 急速な温暖化の原因は？

このような急速な温暖化の原因は，いったいなんなのでしょうか？

さまざまな研究の結果，主な原因は温室効果ガス

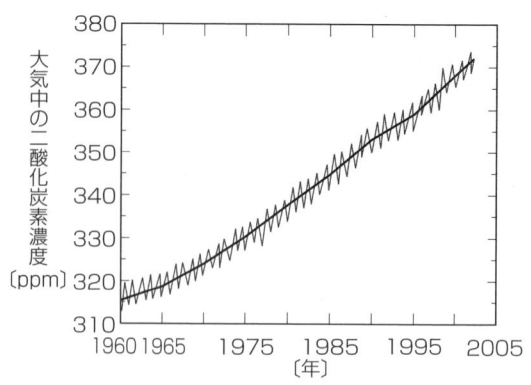

図7 二酸化炭素濃度の増加（ハワイ・マウナロアでの観測。米国海洋大気庁データおよびスクリップス海洋研究データ）

の増加で，その中でも特に二酸化炭素の急速な増加が最大の原因であるといわれています。

人間が工場・車・発電所などを動かすために，石油・石炭・天然ガスなどの燃料を燃やすことで大気中の二酸化炭素の濃度は上昇します。

南極の氷の調査から，過去1000年間の二酸化炭素濃度の変化が判明しました。その結果，二酸化炭素の濃度が増加し始めるのは1700年代後半の産業革命以降で，1990年の二酸化炭素濃度は1800年のおよそ3割増加していることがわかりました。

二酸化炭素の濃度を下げるには，
- 二酸化炭素の排出量を下げる
- 発生源で二酸化炭素を回収する
- 大気中の二酸化炭素を回収する

という3つの方法が考えられます。

3. 二酸化炭素の排出量を下げる

二酸化炭素の排出量を下げるためには，工場・車・発電所などを止めればよいのです。ところが，これらの施設や機械は，経済活動のために，また，人間が文化的な生活をするために不可欠なものです。

世界では発展途上国の工業化が進展し，また，世界の人口も急速に増加しています。しかし，発展途上国の経済発展を否定したり，これからうま

れてくる人々に対して不便な生活を強要することはできません。

そこで、まずはむだなエネルギー消費をなくし、さらにエネルギーの効率的な利用法の開発や、生活習慣や産業構造を変えることが必要です。

4. 発生源で二酸化炭素を回収する

火力発電所などの排気ガスから二酸化炭素を分離して回収することは現在の技術で可能です。しかし、回収した大量の二酸化炭素をどこに、どのように処分するかという問題が残されています。現在のところ主な処分候補地は海中と地下です。

海中に処分する方法は、大きく分けて2つの方法が考えられています。

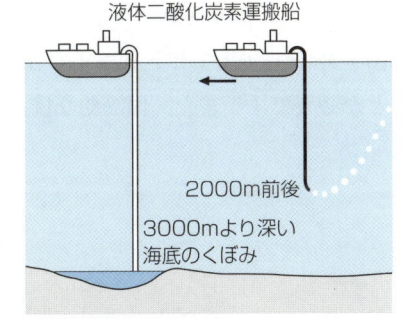

気体の二酸化炭素を冷やして圧力を高める（0〜5℃・35〜40気圧）と液体の二酸化炭素になります。

図8　海中への処分方法

1つめの方法は、この液体を海水に溶かすことです。この液体を水深2000m前後の海中に送りこむと、海水よりも密度が小さいので、上昇しながら海水に溶けていきます。水深500mまでに、すべて海水に溶けてしまいます。

2つめの方法は、海底のくぼみに液体の二酸化炭素を貯蔵することです。この液体を水深3000mよりも深いところに送りこむと、海底に沈んでいきます。この水深では海水よりも密度が大きくなるからです。

油田では、石油が自然に噴出しなくなると、二酸化炭素をふきこんで石油を噴出させます。そこで、これを利用して地下に二酸化炭素を閉じこめるという方法も考えられています。

これらの方法を実行するためには、費用もエネルギーも必要です。また、環境への影響が予測しきれないという問題も残されています。

5. 大気中の二酸化炭素を回収するために

植物が光合成をするときには大気中の二酸化炭素が取りこまれます。そのため植林は、大気中の二酸化炭素を回収するための方法の1つとして注目

されています。しかし，光合成によりつくり出された物質は，植物のからだをつくるために使われるものを除き，呼吸などにより消費されます。このときに二酸化炭素が発生します。残念ながら，植林だけでは大気中の二酸化炭素を十分に回収することはできないのです。

6. 地球規模の環境問題から見えてくること

このような環境問題を解決するためには，科学・技術だけでなく，政治・経済・文化などさまざまな知識を結集して解決策を考え，実行することが必要です。また，国際的な協力や利害関係の調整も必要です。

第2節　私たちになにができるか

1. 科学を学ぶことの意味

　科学・技術のさまざまな成果なしでは，私たちはこれまでどおりのくらしを続けていくことはできません。科学・技術が発展したことで，私たちの社会や生活がどのように変わってきたかを考えてみましょう。

トライ　昔と今の工場の様子を比べてみよう

　次の写真から，電気製品製造工場の昔と今の様子を比べることができる。生産方法，生産量，そして，工場で働いている人たちの仕事はどんなふうに変わっただろうか。まわりの大人の人にもたずねてみよう。

せん風機生産ライン（1959年）

コンベアシステム（1967年）

複写機の自動化ライン（1986年）

　科学・技術のおかげで，工場は安全で衛生的になりましたが，それと同時に，仕事のあり方も大きく変化しました。例えば，自動化された機械が工場で働く多くの人々の仕事をこなすようになりました。
　科学・技術の発展は，私たちの社会や生活に大きな影響をあたえます。社会の変化やくらしの変化をしっかりととらえるためには，学校で学んだ知識をいかし，これからの科学・技術の発展に関心をもち続けることが大切です。

トライ　あなたの祖父母や地域の高齢者に，いろいろな家電製品をはじめて買ったのはいつごろかたずねてみよう。また，そのような製品がないころの毎日のくらしについて，具体的に教えてもらおう。

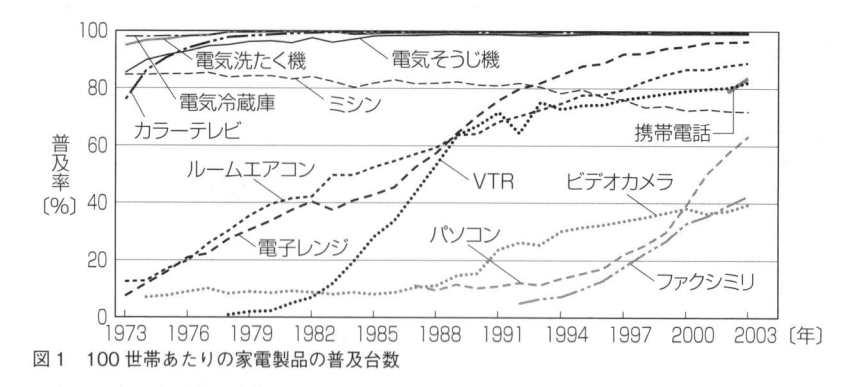

図1　100世帯あたりの家電製品の普及台数

　科学・技術の発展の結果，先進国ではさまざまな資源を大量に消費してくらす社会が実現しました。そのため環境破壊も進みました。その一方で，発展途上国では生活に必要な資源が不足しており，多くの貧しい人々が健康にくらすことすらできない状況です。このままでは先進国と途上国の格差は拡大する一方だと指摘されています。世界中の人々が力を合わせて社会の仕組みや生活を考え直すとともに，科学・技術を有効に利用していかなくてはなりません。

　この章では，人類が直面しているさまざまな生存の危機について学びました。そのような危機的状況は，私たちが科学・技術をうまく使いこなせなかったために発生しました。しかし，直面する危機に対してなすがままに流されるのではなく，その状況をしっかりと検討し，適切な対策を考えていかなければなりません。そのためには，科学・技術の成果が必要となります。

　さまざまな生存の危機とたたかうのは，科学者や技術者だけの役目ではありません。なにが大切なことかを自分で判断し，自分の行動は自分で決めたいと思っているのなら，自分にできる範囲内で，専門家や国が提案する対策を理解し，そのよし悪しを判断しなければなりません。そのためにも，科学・技術は学ぶに価するものなのです。

2. 地球レベルで考え足もとから行動を

　ポリエチレンやポリ塩化ビニルなどのプラスチック材料は，20世紀の大発明の1つといわれ，現代生活の必需品です。石油が原料のプラスチック

第2節　私たちになにができるか　213

図2　ヒナ（写真右）にエサをあたえようとしているコアホウドリ

図3　死んだヒナの胃につまっていたプラスチックゴミ（ヒナ　3羽分）

は合成・加工がしやすく、大量生産が可能です。製品は安価で軽量、じょうぶで長もちするなどの長所があり、製品・容器包装材料などに広く使用されています。しかし、これが自然界へ流出しているのです。

　ハワイ北西2000kmの洋上にあるサンゴ礁の無人島、ミッドウェー諸島はコアホウドリ（図2）の楽園です。ところが毎年ヒナの10％が、プラスチックの誤飲が原因のけがや栄養失調で命を落としています。図3は、たった3羽のヒナの死体から出てきたプラスチックです。見なれた日用品が多く、日本語・ハングル・中国語・英語の文字やマークが確認できます。これらは親鳥がエサとまちがって海で食べ、吐きもどしてヒナにあたえたものです。

　昔から海鳥のエサ場は潮目（海流が出合う場所）で、海ソウや魚が多く集まる海域です。しかし、今そこは、北太平洋諸国から流されてきたプラスチックのゴミが帯状に集まってくる「太平洋ゴミベルト地帯」と化しています。

トライ　流されたゴミの一部はカリフォルニアにまで届く。ミッドウェー諸島の場所と北太平洋の海流を地図帳で調べよう。また、インターネットなどでそのほかの野生動物への被害を調べてみよう。

　1986年、アメリカの海洋自然保護センターは、各地の海岸で同時にゴミを拾い、その種類と量を調査してみようと呼びかけました。参加者は年々ふえ、毎年9月に行われる「国際海岸クリーンアップ・キャンペーン」にはこれまで世界じゅうの118の国と地域が参加し、その調査結果は世界じゅうに発信されています。日本でも1990年、3人の女性のよびかけによっ

て始まり，全国200か所以上で調査活動が続いています。この活動により，環境に流出したプラスチックゴミによる問題は，どの地域でも予想以上に深刻なことがわかりました。そして調査結果をもとに，各国政府や関係業界へのはたらきかけを続けています。

　プラスチックの軽さや腐りにくさは，自然環境の中では問題になります。町のゴミは雨水に流され，下水や川を通って海へと流れ出ます。途中で細かくなれば魚貝や鳥など小さな生き物の胃袋へも入っていき，新たな問題を引き起こす可能性があります。

　環境問題では，「国際海岸クリーンアップ・キャンペーン」のように，まず地域で気づいた人が声をあげ，各地の実態を調査してみる必要があります。その調査結果から，環境への影響が科学的にあきらかにされると，社会は初めて問題の深刻さに気づくのです。環境問題の解決は，そこから始まります。

　国連による地球サミットでは，人類と地球の未来のために，私たち一人一人が，それぞれの地域で地球環境に対して責任をもった行動をしようと，「地球レベルで考え，足もとから行動を」[※1]と呼びかけています。私たちは自分の生活や足もとの問題を見直しながら，地球環境まで想像を広げて行動することが求められています。

> **トライ**　あなたの地域に，海や川，みぞなどがあれば，そこにどんな種類のゴミが落ちているかを調べてみよう。そして，そのゴミの出所とゆくえを考えてみよう。

付　録

問題の解答

P.47　（例）
・晴れると水たまりの水がかわいていく。
・せんたくものがかわく。
・ふろの湯の表面から蒸発した水が冷やされて，水滴（湯気）になった。
・ぬれた手から水が蒸発して，いつのまにか手がかわいていた。

P.53　高い

P.61　1．ナフタレン：固体　　　水銀：液体　　　窒素：気体
　　　2．塩化ナトリウム：気体　アルミニウム：液体　鉄：液体
　　　3．酸素：液体　　　　　　水素：気体　　　エタノール：固体

P.80　酸素：水上置換　　　　二酸化炭素：下方置換または水上置換
　　　水素：水上置換　　　　アンモニア：上方置換

P.87　1．A：90（g）　　B：10（g）
　　　2．17％
　　　（解説）
　　　20％の砂糖水100gには砂糖が20gふくまれ，16％の砂糖水300gには砂糖48gがふくまれる。これを混合すると，砂糖水400gの中に砂糖が68gふくまれている溶液になる。したがって，
　　　質量パーセント濃度 = 68 g ÷ 400 g × 100 = 17％

P.90　純物質：銅，エタノール，二酸化炭素
　　　混合物：砂糖水，炭酸飲料水，しょう油

P.118　1．　$2H_2 + O_2 \rightarrow 2H_2O$
　　　 2．　$CH_4 + 2O_2 \rightarrow CO_2 + 2H_2O$
　　　 3．　$2Mg + O_2 \rightarrow 2MgO$

P.125　マグネシウム，（水素と炭素），銅の順で酸素と結びつきやすい。
　　　（※水素と炭素では，どちらが酸素と結びつきやすいか明らかではない。）

P.133　硫黄原子1個と銅原子2個の割合で結びついている。
　　　（解説）
　　　硫黄蒸気と銅が化合してできる硫酸銅の化学式は，P.107の脚注※2を参照。

P.146　① （Cu →）CuO　　② （CuO →）$CuSO_4$　　③ （$CuSO_4$ →）Cu

P.169（物質の名称は参考）

	Cl$^-$	NO$_3^-$	SO$_4^{2-}$	CO$_3^{2-}$
Na$^+$	（例）NaCl （塩化ナトリウム）	NaNO$_3$ （硝酸ナトリウム）	Na$_2$SO$_4$ （硫酸ナトリウム）	Na$_2$CO$_3$ （炭酸ナトリウム）
K$^+$	KCl （塩化カリウム）	KNO$_3$ （硝酸カリウム）	K$_2$SO$_4$ （硫酸カリウム）	K$_2$CO$_3$ （炭酸カリウム）
Ca^{2+}	CaCl$_2$ （塩化カルシウム）	Ca(NO$_3$)$_2$ （硝酸カルシウム）	CaSO$_4$ （硫酸カルシウム）	CaCO$_3$ （炭酸カルシウム）
Al^{3+}	AlCl$_3$ （塩化アルミニウム）	Al(NO$_3$)$_3$ （硝酸アルミニウム）	Al$_2$(SO$_4$)$_3$ （硫酸アルミニウム）	Al$_2$(CO$_3$)$_3$ （炭酸アルミニウム）
NH$_4^+$	NH$_4$Cl （塩化アンモニウム）	NH$_4$NO$_3$ （硝酸アンモニウム）	(NH$_4$)$_2$SO$_4$ （硫酸アンモニウム）	(NH$_4$)$_2$CO$_3$ （炭酸アンモニウム）

P.188　名称：硫酸ナトリウム　化学式　Na$_2$SO$_4$

単位表

量をはかるときには基準となる単位が必要です。単位は科学で用いるだけでなく生活の中でも使われますから，法律や規格で使用するべきものが定められています。ここでは主に「計量法」にある単位の一部を紹介します。

単位は"本体"と"接頭語"とに大別できます。たとえば，センチメートル（cm）は，センチが接頭語で，メートルが単位の本体です。

表1．単位の一覧表（〔　〕で示したものは計量法とは異なるが，よく使われる表し方。）

量	単 位 名	単位記号	備考および本書の記述との関係
長さ	メートル	m	$1\,m = 100\,cm$
面積	平方メートル	m^2	$1\,m^2 = 10000\,cm^2$
体積	立方メートル	m^3	$1\,m^3 = 1000000\,cm^3$
	リットル	l または L	$1\,L = 1000\,cm^3$
角度	度	°	
時間	秒	s	物理 P.144,
	時	h	60 秒 = 1 分，60 分 = 1 時
速度	メートル毎秒	m/s	物理 P.144
加速度	メートル毎秒毎秒	m/s^2	物理 P.152
周波数〔振動数〕	ヘルツ	Hz	物理 P.51（振動数）
質量	キログラム	kg	化学 P.14・物理 P.57
	トン	t	$1\,t = 1000\,kg$
密度	グラム毎立方センチメートル	g/cm^3	化学 P.29, $1\,g/cm^3 = 1000000\,g/m^3$ $= 1000\,kg/m^3$
	グラム毎リットル	g/L	化学 P.68, $1\,g/cm^3 = 1000\,g/L$
力	ニュートン	N	物理 P.67 物理 P.155, $1\,N = 1\,kg \cdot m/s^2$
圧力	パスカル	Pa	物理 P.71, $1\,Pa = 1\,N/m^2$
温度	ケルビン	K	化学 P.67, $0\,K = 約 -273\,℃$
	セルシウス度 または 度	℃	℃とKの温度間かくは同じ
比熱容量〔比熱〕	ジュール毎キログラム毎度	J/(kg・℃)	
	〔カロリー毎グラム毎度〕	〔cal/g ℃, cal/(g・℃)〕	化学 P.64（比熱），$1\,cal/(g \cdot ℃)$ $= 1000\,cal/(kg \cdot ℃) = 約\,4200\,J/(kg \cdot ℃)$
電流	アンペア	A	物理 P.91
電圧	ボルト	V	物理 P.91, $1\,V = 1\,W/A$
電気抵抗	オーム	Ω	物理 P.100, $1\,Ω = 1\,V/A$

電力 仕事率	ワット	W		物理 P.117（電力）, $1W=1J/s$
	ジュール毎秒	J/s		物理 P.174（仕事率）
熱量 電力量 仕事 エネルギー	ジュール	J		化学 P.63（熱量）
				物理 P.117（電力量）, $1J=1Ws$
				物理 P.172（仕事）, $1J=1Nm$
	〔カロリー〕	〔cal〕		化学 P.63（熱量）, $1cal=$ 約 $4.2J$
	ワット秒	Ws		物理 P.117
	ワット時	Wh		物理 P.118
物質量	モル	mol		化学 P.134
濃度	質量百分率 〔質量パーセント濃度〕	%		化学 P.86（質量パーセント濃度）

表2．接頭語の一覧表

接頭語の意味		名称	記号	使用例
$\times 10^{12}$	1000000000000 倍	テラ	T	
$\times 10^{9}$	1000000000 倍	ギガ	G	
$\times 10^{6}$	1000000 倍	メガ	M	
$\times 10^{3}$	1000 倍	キロ	k	km, kg, kJ
$\times 10^{2}$	100 倍	ヘクト	h	hPa
$\times 10^{1}$	10 倍	デカ	da	
$\times 10^{-1}$	10 分の1	デシ	d	dL
$\times 10^{-2}$	100 分の1	センチ	c	cm
$\times 10^{-3}$	1000 分の1	ミリ	m	mL, mA
$\times 10^{-6}$	1000000 分の1	マイクロ	μ	
$\times 10^{-9}$	1000000000 分の1	ナノ	n	
$\times 10^{-12}$	1000000000000 分の1	ピコ	p	

＜注意事項＞
◆ 大文字，小文字の区別をすること。小文字で書く記号が多いが，人名に由来する単位や他と区別するために大文字で書く場合がある。
◆ 国際規格の単位を「SI単位」という。表中でSI単位ではないものは次のとおりである。
　・分，時，度（°），L，t：実用上の重要さからSI単位とともに使用してもよいもの。
　・％：SI単位ではないが，計量法では単位と認められているもの。
　・cal：SI単位ではなく，計量法では特殊な用途だけで認められているもの。
◆ リットルの単位記号は「l, L」どちらを使ってもよいが，小文字のl（エル）は数字の1（いち）と混同されやすいのでこの教科書ではLに統一している。
◆ 接頭語を重ねて使ってはいけない。また，接頭語と単位は一体として扱われるので，たとえば cm^3 は $(cm)^3$ の意味であって，$c(m^3)$ という意味ではない。
◆ 計量法や規格などは，ときどき改正されるので注意が必要である。

参考文献

参考文献　※ホームページは H15. 12. 1 にアクセスを確認

【全体として参考にしたもの】
『最新中学理科の授業 1 年』左巻健男・莢本格編著（民衆社）
『最新中学理科の授業 2 年』左巻健男編著（民衆社）
『最新中学理科の授業 3 年』左巻健男編著（民衆社）
『新中学理科の授業 1 年』左巻健男編著（民衆社）
『新中学理科の授業 2 年』左巻健男編著（民衆社）
『新中学理科の授業 3 年』左巻健男編著（民衆社）
『新しい科学』（〜 14 年版　東京書籍）
『中学校理科』（〜 14 年版　大日本図書）
『中学校理科』（〜 14 年版　学校図書）
『理科』（〜 14 年版　啓林館）
『中学理科』（〜 14 年版　教育出版）
『理科年表』（2002 年版，2003 年版　丸善）
『科学大事典』（丸善）
『理化学辞典』（岩波書店）
『岩波科学百科』（岩波書店）
『環境白書』（平成 9 年〜平成 13 年　環境省）
『最新図表地学』（浜島書店）
『グローバルアクセス世界・日本地図帳』（昭文社）

【はじめに】
『花と昆虫の不思議なだましあい発見記』田中肇（講談社）
『科学技術の歩み－ＳＴＳ的諸問題とその起源－』岡本正志編（建帛社）

第 2 章
『原子』ジャン・ペラン著，玉蟲文一訳（岩波文庫）

第 5 章
『たのしくわかる化学実験事典』左巻健男編著（東京書籍）
『化学と教育』米沢剛至（50 巻 8 号　2002 年　日本化学会）
『化学と教育』伊藤信良・田村仁（33 巻 3 号　1985 年　日本化学会）
『化学と教育』高木宏爾（34 巻 6 号　1986 年　日本化学会）

第 6 章
『化学超入門』左巻健男編著（日本実業出版社）
『イオンと食べ物』城雄二著（仮説実験授業研究会）
『たのしくわかる化学 100 時間（上）』盛口襄・野曽原友行編著（あゆみ出版）

第 7 章
『EDMC エネルギー・経済統計要覧』日本エネルギー経済研究所計量分析部編（省エネルギーセンター）
『Energy balances of OECD countries』IEA 編（OECD）
『Energy balances of non-OECD countries』IEA 編（OECD）

『エネルギー・資源ハンドブック』エネルギー・資源学会編（オーム社）
『An Encyclopedia of the History of Technology』I. McNeil 編（Routledge）
『電気工学ハンドブック』（電気学会）
「資源エネルギー庁」HP（http://www.enecho.meti.go.jp）
『たのしくわかる化学実験事典』左巻健男編著（東京書籍）
『世界大百科事典　第2版（CD-ROM）』（日立システムアンドサービス）
『ゴミ怪獣をやっつけろ』左巻健男著（フレーベル館）
『地球環境のためにできること　ゴミゼロ社会とリサイクル』金谷健著（フレーベル館）
『水俣病の科学』西村肇・岡本達明共著（日本評論社）
『沈黙の春』R. Carson 著，青木簗一訳（新潮文庫）
『メス化する自然』D. Cadbury 著 井口泰泉監修・解説，古草秀子訳（集英社）
『水と空気の100不思議』左巻健男編著（東京書籍）
『入門ビジュアルエコロジー　おいしい水　安全な水』左巻健男著（日本実業出版社）
『クリーンアップキャンペーン レポート』（2000年版，2001年版）（JEAN（クリーンアップ全国事務局）

【付録】
『義務教育諸学校教科用図書検定基準』（平成11年告示）
『計量法』（平成15年改正），『計量単位令』『計量単位規則』
『JIS（日本工業規格）Z8202，Z8203』（2000年改正）

写真・画像提供

P. 17　金原子の電子顕微鏡写真　文部科学省無機質研究所
P. 42　生分解性プラスチック製品　ユニチカ株式会社　提供

【その他】有限会社OPO／有限会社アルピナ／株式会社コービスジャパン／Getty Images／株式会社ワールドフォトサービス／有限会社ミラージュ

索 引

凡例　○○○→□□□　………□□□の項目を参照。
　　　　○○○（→□□□）……□□□の項目も参照。

事項索引

【あ】

亜鉛	73
青カビ	152
赤潮	204
足尾鉱毒事件	192, 204
亜硝酸	153
アスピリン	152
アスファルト	54
吾妻川	189
アセチルサリチル酸	152
アボガドロ数	134
アラザン	34
アルカリ	183
アルカリ性	74, 171
アルコール	38, 46, 136
アルゴン	70, 79
アルマイト	137, 138
アルミニウム	20, 128, 138
アンチモン	68
アンモニア	27, 74
──水	85
──噴水	75

【い】

胃液	143
イオン	161
──記号	164
──式	164
──性物質	167
──の表し方	164
硫黄	106, 107, 133
胃潰瘍	143
イタイイタイ病	184
一酸化炭素	77, 154
一酸化窒素	77, 154

陰イオン	162
──のでき方	163

【え】

栄養分	144
エカケイ素	24
液化天然ガス	54
液体	54, 70
液体酸素→酸素	70, 71
液体窒素→窒素	59, 70
枝つきフラスコ	52
エタノール（→アルコール）	48, 59
──溶液	84
エネルギー	144
電気──	119
熱──	119
光──	67
塩	188
塩化アンモニウム	74
塩化カルシウム	136
塩化コバルト紙	98
塩化水素	181
塩化ナトリウム（食塩）	55, 112, 142, 187
塩化バリウム	132
塩酸	73, 77, 131, 141, 146, 187
塩素	77, 113

【お】

オゾン	78
オゾン層	205
オゾンホール	205
王水	182
オキシダント	199
オキシドール	71

オクターブ説	24
温室効果ガス	207
温度	149
温度変化	62

【か】

海水	90
外燃機関	140
化学式	28
化学反応式	109
化学変化	99, 147
角砂糖→砂糖	82
化合	107, 148
化合物	29, 103, 104
高分子──	145
過酸化水素	71
ガソリン	54
──エンジン	140
下方置換→気体の集め方	72, 79
カルシウム	34
カルメ焼き	96
環境教育	201
環境省大気汚染物質広域監視システム	200
環境ホルモン	196
還元	120, 121

【き】

気圧	49
希ガス	159
技術援助	201
キセノン	79
気体	54
──の集め方	79
下方置換	72, 79
上方置換	75, 79

索引

【す】

水上置換   69, 71, 72, 74, 79
  ——の水への溶解度→溶解度   89
  ——の密度   68, 69
絹   151
銀   28, 99
金属   33, 169
  ——原子   33
  ——元素   22, 25
  ——光沢   33
  ——資源   120, 128
  ——のリサイクル   128

【く】

空気   69
  ——の組成   69
クォーク   158
黒さび   137

【け】

経済協力   201
係数   110
  ——合わせ   110
携帯カイロ   138
軽油   54
結晶   92, 164
煙の粒子   64
ゲル   86
ゲルマニウム   24
原子   16
  ——の記号→元素記号   21, 23
  ——の電子配置   159
原子核（→原子）   156
原子番号   22
原子量   20, 22
元素   15
  ——記号   21〜23
  ——名   22
  ——の周期表   22〜24
原油   53

【こ】

公害   152
  ——対策基本法   192
  ——問題   192
光化学スモッグ   154, 197
合金   128
光合成   144
合成   151
合成繊維   151
抗生物質   152
酵素   144
高分子   40, 170
  ——化合物（化合物）   145
呼吸   71
コークス   120, 127
固体   54
固体酸素→酸素   71
コーヒーシュガー→砂糖   83
コロイド溶液   85
コロイド粒子   86
混合物   90, 103, 104

【さ】

最外殻電子   160
再結晶   92
砂糖   35, 82
  角——   82
  コーヒーシュガー   83
さび   136
サーモテープ   67
サリチル酸   152
酸   181
酸化   118, 121
酸化アルミニウム   138
酸化銀   99
酸化チタン   150
酸化鉄   117
酸化銅   29, 118, 146
酸化物   120
酸化マグネシウム   118, 124, 133
酸性   181
酸性雨   153, 199

酸素   27, 52, 59, 70, 99
  液体——   70, 71
  固体——   71
  ——系漂白剤   70
  ——分子   71

【し】

塩   35
資源リサイクル   129
指示薬の色変化   185
自然発火   139
湿性大気汚染（→大気汚染）   199
質量保存の法則   132
自動車の排ガス   77
写真   100
シャボン玉   68, 72, 73
臭化銀   100
周期律   24
重そう   96
重油   54
純粋な物質（純物質）   90, 103, 104
純物質→純粋な物質   90, 103, 104
上方置換→気体の集め方   75, 79
蒸気機関   140
硝酸   142, 153
硝酸カリウム   92
硝酸バリウム   142
状態変化   46
衝突   64
蒸発   47
蒸発乾固   91, 92
蒸発皿   91
蒸留   52, 53
食物連鎖   145
食塩   83
触媒   150
ショ糖   38

【す】

水銀　　　　　　　　55，59
水酸化カリウム　　　　183
水酸化カルシウム
　　　　　74，142，153，183
水酸化ナトリウム
　　　　　74，101，142，183，187
水酸化バリウム　　142，187
水質汚染　　　　　　　203
水質汚濁　　　　　　　152
　――防止法　　　　　192
水蒸気　　　　　　　　 47
水上置換→気体の集め方
　　　　　　69，71，72，74，79
水素　　　　　　27，69，73
　――の燃焼→燃焼　　114
水溶液　　　　　　84，181
スチールウール　108，113，
　　　　　　　116，131，146，182
ステンレス　　　　　　137
スモッグ（→光化学スモッグ）
　　　　　　　　　　　197

【せ】

生石灰　　　　　　　　189
製鉄所　　　　　　　　 66
静電気力（→クーロン力）
　　　　　　　　　162，167
青銅　　　　　　　　　126
　――器時代　　　　　126
生分解性プラスチック→プラ
　スチック　　　　　　 42
成分比一定の法則（定比例の
　法則）　　　　　　　133
精留塔　　　　　　　　 54
製れん　　　　　　　　120
世界水フォーラム　　　203
析出　　　　　　　88，146
石灰水　　　　　　72，98
石灰石（→炭酸カルシウム）
　　　　　　　72，131，179
絶対0度　　　　　　　 67

【そ】

造影剤　　　　　　　　142
組成式　　　　　　　　 28

【た】

ダイオキシン　　　42，197
大気　　　　　　　　　 69
　――汚染　　　　152，198
　湿性――　　　　　　199
　――圏　　　　　　　 69
体積変化　　　　　　　 50
太陽
　――の表面の温度　　 66
　――の中心の温度　　 66
種結晶　　　　　　　　 93
炭化水素　　　　　　　154
炭酸飲料　　　　　　　 85
炭酸カルシウム→石灰石
　　　　　　　72，131，189
炭酸水素ナトリウム　　 97
炭酸ナトリウム　　98，101
炭素　　　　　120，126，130
　――の燃焼→燃焼　　114
単体　　　　　28，103，104
タンパク質　　　145，151

【ち】

地球の温暖化　　　　　207
窒素　　　　　　　52，70
　――酸化物　　　77，153
　液体――　　　　59，70
中性　　　　　　　　　186
中性子　　　　　　　　158
中和　　　　　　　141，186
チンダル現象　　　　　 86
沈殿　　　　　　　　　132

【つ】

使い捨てカイロ　　　　139

【て】

ディーゼルエンジン　　140
定比例の法則→成分比一定の
　法則　　　　　　　　133
鉄　　　　　　　35，74，107
鉄鉱石　　　　　　　　120
テフロン　　　　　　　137
テルミット反応　　　　127
電解質　　　　　　　　161
電気エネルギー（→エネルギ
　ー）　　　　　　　　119
電気ぜめ　　　　　　　 36
電気分解　　　　　101，102
電子（→原子）　　　　156
　――殻　　　　　　　158
　――配置　　　　　　159
電子顕微鏡　　　　　　 17
天然ガス　　　　　　　115
デンプン　　　　　　　 83
電離　　　　　　　　　162
電離　　　　　　　　　167

【と】

銅　　　　　　106，118，133
銅粉　　　　　　　　　146
灯油　　　　　　　　　 54
トタン　　　　　　　　137
ドライアイス　　　51，72
トリクロロエチレン　　204
内燃機関　　　　　　　140

【な】

ナイロン　　　　　　　151
ナトリウム　　　　　　112
ナフタレン　　　　　　 36

【に】

二酸化硫黄　　　　　　 77
二酸化炭素
　　　　　27，59，68，70，72
二酸化窒素　　　　77，154
二酸化マンガン　　　　 71
尿素　　　　　　　38，151

【ね】

ネオン　　　　　　　70, 79
熱　　　　　　　　　62
　──エネルギー（→エネルギー）　　　　　119
　──伝導→熱の移動　65
　──の移動（熱伝導）
　　　　　　　　　62, 65
熱分解　　　　　　　102
熱量　　　　　　　　63
燃焼　　　　　　71, 113
　水素の──　　　　114
　炭素の──　　　　114
　有機物の──　　　115
燃料電池　　　　　　119

【の】

濃度　　　　　　　　149

【は】

廃棄物問題　　　　　152
爆発　　　　　　114, 140
パックテスト　　　　184
発熱反応　　　　　　118
発泡ポリスチレン　　66
万能試験紙　　　　　184
反応熱　　　　　　　118

【ひ】

ピーエイチ→pH　　　185
光　──（の）エネルギー
　（→エネルギー）　67
光触媒（→触媒）　　150
非金属元素　　　　22, 25
火ぜめ　　　　　　　35
非電解質　　　　　　161
比熱　　　　　　　　64
表面積　　　　　　　149

【ふ】

富栄養化　　　　　　204
フェノールフタレイン
　　　　　　75, 98, 183

フェライト　　　　　128
不完全燃焼　　　77, 135
ブタン　　　　　　　52
物質　　　　　　15, 104
　──資源　　　120, 126
　──の分類　　　　103
　──の融点と沸点　61
物体　　　　　　　　15
沸点　　　　　　　　48
浮遊粒子状物質　　　154
ブランデー　　　　　53
ブリキ　　　　　　　137
プロパン　　　27, 115, 135
ブロモチモールブルー→BTB
　　　　　　　　181, 182
フロン　　　　　　　206
分散　　　　　　　　86
分解（物質の）　99, 148
分子　　　　　　　　26
分子運動　　　　　64, 65
分子間力　　　　　　50
分子式　　　　　　　28
分子性物質　　　　　169

【へ】

ペーハー→pH　　　 185
ペプチド結合　　　　151
ヘモグロビン　　　　78
ヘリウム　　　　　70, 79

【ほ】

膨張　　　　　　　　57
飽和水溶液　　　　　93
飽和溶液　　　　　　88
ボーキサイト　　　　138
保護膜　　　　　　　137

【ま】

マグネシウム　74, 117, 133
　──リボン　　124, 181

【み】

水　　　　　　　27, 48

　──不足　　　　　202
　4℃の──　　　　 57
水ぜめ　　　　　　　35
密度　　　　　　　　29
水俣病　　　　　　　193
ミョウバン　　　　36, 93

【む】

無機物（→有機物）　37
無色透明　　　　　　84

【め】

メタン　　　　27, 70, 115
メタノール（→アルコール）
　　　　　　　　　　27
めっき　　　　　　　137

【も】

木材　　　　　　　　136
木炭（→炭素）　126, 130
モル　　　　　　　　134

【や】

薬さじ　　　　　　　91

【ゆ】

融解　　　　　　56, 167
有機化合物→有機物　151
有機物（有機化合物）
　　　　　　37, 143, 151
　──の燃焼→燃焼　115
有色透明　　　　　　84
融雪剤　　　　　　　136
融点　　　　　　　　56

【よ】

陽イオン　　　　　　162
　──のでき方　　　163
溶液　　　　　　　　84
溶解　　　　　　　　83
溶解度　　　　　　　88
　気体の水への──　89
　──曲線　　　　　88

陽子（→原子）		158
溶質（→溶液）		84
溶媒（→溶液）		84

【り】

リサイクル		41
リトマス紙	181,	184
硫化水素		78
硫化鉄	78,	108
硫化銅		107
硫酸	74, 141, 146, 182,	187
硫酸銅		132
硫酸バリウム	142,	188
リン酸カルシウム		34

【ろ】

ロウ		57
ろうそく		57
ろ過		91
緑青		136
ろ紙		91
ワイン	52,	53
ワックス		54

【数字】

100 万分率	87

【アルファベット】

BTB（ブロモチモールブルー）		
	181,	182
DDT		195
PCB		196
pH		185
pH メーター		184
ppb		87
ppm		87
ppq		87
ppt		87

人物名

アボガドロ		26
ウェーラー	38,	151
コルベ		151
デモクリトス		16
ドルトン	16,	18
ニューランズ		24
ファーブル		109
プルースト		133
ベルセリウス		23
メンデレーエフ		23
ラザフォード		157
ラムゼー		79
レーリー		79

執筆者

編著者

左巻 健男（さまき たけお）

　1949年栃木県小山市生まれ。現在，法政大学教職課程センター教授。専門は，理科・科学教育，環境教育。

　千葉大学教育学部卒業（物理化学教室），東京学芸大学大学院教育学研究科修了（物理化学講座），東京大学教育学部附属高等学校（現：東京大学教育学部附属中等教育学校）教諭，京都工芸繊維大学教授，同志社女子大学教授等を経て現職。

　『理科の探検（RikaTan）』誌編集長。中学校理科教科書編集委員・執筆者（東京書籍）。新理科教育ML代表。

　著書は，『おもしろ実験・ものづくり事典』（共編著　東京書籍），『最新中1理科の授業完全マニュアル』『最新中2理科の授業完全マニュアル』『最新中3理科の授業完全マニュアル』（いずれも共編著　学研教育出版），『やさしくわかる化学実験辞典　中学校編』（編著　東京書籍），『大人のやり直し　中学化学』『大人のやり直し　中学物理』（ソフトバンククリエイティブ），『面白くて眠れなくなる化学』『面白くて眠れなくなる物理』（PHP）など多数。

編集者

山田 洋一（やまだ よういち）

　1956年東京都生まれ。宇都宮大学教授（教育学部自然科学系理科教育分野）。専門は有機化学，化学教育，環境教育。

　千葉大学理学部卒。東京都立大学大学院修士課程修了。千葉大学大学院自然科学研究科より博士（理学）。1981年宇都宮大学助手。宇都宮大学助教授を経て現職。1997年よりオンライン雑誌化学教育ジャーナル（CEJ）日本語版及び英語版事務局及び編集委員（http://chem.sci.utsunomiya-u.ac.jp/cejrnl.html）。2005年より日本化学会 化学教育協議会（国際関係小委員会）委員。2007年より日本化学会代表正会員。

　著書は，『日常の化学事典』（東京堂版），『知っておきたい最新科学の基本用語』（技術評論社），『理科総合A教科書及び指導資料』（東書），『基礎化学12講』（化学同人），『地球環境の教科書10講』（東書），『新しい高校化学の教科書』（講談社BB），『図説 学力向上につながる理科の題材「知を活用する力」に着目して学習意欲を喚起する 化学』（東京法令），『理科がもっと面白くなる科学小話 Q&A100 中学校1分野編及び2分野編』（明治図書）など。

辻本 昭彦（つじもと あきひこ）

　1958年東京都生まれ。現在，武蔵野市立第五中学校学年主任。専門は理科教育，開発教育。都立教育研究所物理研究室研究生を経て現職。日本理科教育学会誌「理科の教育」編集委員。

　著書は，『これからの開発教育』（共著，新評論）。

執筆者（五十音順）

【 】中に執筆担当章を示す。
　＊がついている場合は，その章の原稿を執筆代表と
　ともにとりまとめたリーダーであることを示す。

日外　政男（あぐい　まさお）【5-2*】
大阪府公立学校

石渡　正志（いしわた　まさし）【5-2】
甲南女子大学人間科学部　教授

市瀬　和義（いちのせ　かずよし）【2】
元富山大学教育学部

稲山　ますみ（いなやま　ますみ）
【はじめに，学習のすすめ方】
東京大学教育学部附属中等教育学校　理科助手

江尻　有郷（えじり　ありさと）【5-1】
NPO 物理オリンピック日本委員会　理事／
元・琉球大学教育学部　教授

大野　栄三（おおの　えいぞう）
【2*, 7, 5-2】
北海道大学大学院教育学研究院　教授

大政　光史（おおまさ　みつし）【付録*】
近畿大学生物理工学部人間工学科　准教授

岡本　正志（おかもと　まさし）
【はじめに*, 5-1, 2, 学習のすすめ方*】
大阪成蹊短期大学　学長

加賀　まゆみ（かが　まゆみ）【5-2】
公益社団法人　大阪自然環境保全協会

工藤　博幸（くどう　ひろゆき）【1*, 6】
奈良学園中学校・高等学校

熊木　徹（くまき　とおる）【3, 7*】
佐渡市立羽茂小学校

桑嶋　幹（くわじま　みき）【4, 5-2】
日本分光株式会社

小沼　順子（こぬま　よりこ）【3, 5, 6】
白梅学園清修中・高一貫部　非常勤講師

島　弘則（しま　ひろのり）【5-2】
富山県立志貴野高等学校

進藤　喜代彦（しんとう　きよひこ）
【5-1*, 2*】
元中・高校教諭等，ボランティア団体おもちゃ病院伊都国 Dr.

丹後　孝昭（たんご　たかあき）【1】
石川県七尾市立御祓中学校　教諭

辻本　昭彦（つじもと　あきひこ）【3*】
東京都武蔵野市立第五中学校　教諭

坪本　吉史（つぼもと　よしふみ）【2】
富山県砺波市立庄西中学校

長谷　裕司（はせ　ゆうじ）【7】
電機メーカー勤務

林　衛（はやし　まもる）【5-2】
富山大学教育学部

松川　利行（まつかわ　としゆき）【1】
東大寺学園中・高等学校

松本　浩幸（まつもと　ひろゆき）
【はじめに*, 学習のすすめ方*】
北海道栗山町立栗山中学校　教諭

松山　友之（まつやま　ともゆき）　　【2】
富山県南砺市立福野中学校

三島　聡（みしま　さとし）　　【5-2】
湘南学園中学高等学校　教諭

水間　武彦（みずま　たけひこ）　【3, 5】
東京都立八王子東高等学校　教諭

山田　洋一（やまだ　よういち）
　　　　　　　　　　　【4*, 5*, 5-2】
宇都宮大学教育学部

吉田　安規良（よしだ　あきら）　【5, 6】
琉球大学教育学部理科教育講座

吉田　のりまき（よしだ　のりまき）【5-2】
薬剤師，科学の本の読み聞かせの会「ほんと ほんと」

和田　重雄（わだ　しげお）　　【1】
奥羽大学薬学部　准教授

和田　純夫（わだ　すみお）　　【1】
元東京大学総合文化研究科専任講師（物理）

新しい科学の教科書 ―現代人のための中学理科―
化学編 第2版

```
2009年3月1日  初版  第1刷  発行
2012年4月5日  第2版  第1刷  発行
2016年2月20日  第2版  第2刷  発行
```

編　　著 /	左巻健男
発 行 者 /	斉藤　博
発 行 所 /	株式会社 文一総合出版
	〒162-0812　新宿区西五軒町 2-5　川上ビル
	電話 03-3235-7341　FAX 03-3269-1402
	URL http://www.bun-ichi.co.jp　振替 00120-5-42149
作　　図 /	株式会社 日本グラフィックス
ページデザイン /	木村衣里
校　　正 /	加藤幸代
装　　丁 /	株式会社 ドモン・マインズ
製版・印刷 /	奥村印刷株式会社

© 2003-2016 左巻健男
● 定価はカバーに表示してあります。
● 乱丁・落丁はお取り替えします。
ISBN 978-4-8299-6703-4　Printed in Japan

JCOPY ＜(社) 出版者著作権管理機構 委託出版物＞

本書の無断複写は著作権法上での例外を除き禁じられています。複写される場合は、そのつど事前に、社団法人出版者著作権管理機構（電話：03-3513-6969、FAX：03-3513-6979、e-mail: info@jcopy.or.jp）の許諾を得てください。また本書を代行業者等の第三者に依頼してスキャンやデジタル化することは、たとえ個人や家庭内の利用であっても一切認められておりません。

元素の周期表

凡例:
- 原子番号 → 11Na ← 元素記号
- ナトリウム ← 元素名
- 23 ← 原子量

遷移元素（そのほかは典型元素）

周期＼族	1	2	3	4	5	6	7	8	9
1	1H 水素 1								
2	3Li リチウム 7	4Be ベリリウム 9							
3	11Na ナトリウム 23	12Mg マグネシウム 24							
4	19K カリウム 39	20Ca カルシウム 40	21Sc スカンジウム 45	22Ti チタン 48	23V バナジウム 51	24Cr クロム 52	25Mn マンガン 55	26Fe 鉄 56	27Co コバルト 59
5	37Rb ルビジウム 85	38Sr ストロンチウム 88	39Y イットリウム 89	40Zr ジルコニウム 91	41Nb ニオブ 93	42Mo モリブデン 96	43Tc テクネチウム (98)	44Ru ルテニウム 101	45Rh ロジウム 103
6	55Cs セシウム 133	56Ba バリウム 137	57〜71 ランタノイド	72Hf ハフニウム 178	73Ta タンタル 181	74W タングステン 184	75Re レニウム 186	76Os オスミウム 190	77Ir イリジウム 192
7	87Fr フランシウム (223)	88Ra ラジウム (226)	89〜103 アクチノイド	104Rf ラザホージウム (265)	105Db ドブニウム (268)	106Sg シーボーギウム (271)	107Bh ボーリウム (270)	108Hs ハッシウム (277)	109Mt マイトネリウム (276)

ランタノイド	57La ランタン 139	58Ce セリウム 140	59Pr プラセオジム 141	60Nd ネオジム 144	61Pm プロメチウム (145)	62Sm サマリウム 150
アクチノイド	89Ac アクチニウム (227)	90Th トリウム 232	91Pa プロトアクチニウム 231	92U ウラン 238	93Np ネプツニウム (237)	94Pu プルトニウム (244)

《 常温での状態 》

- Fe 固体
- Hg 液体
- H 気体
- Pu 天然にはない元素

10	11	12	13	14	15	16	17	18
								₂He ヘリウム 4
金属元素			₅B ホウ素 11	₆C 炭素 12	₇N 窒素 14	₈O 酸素 16	₉F フッ素 19	₁₀Ne ネオン 20
非金属元素			₁₃Al アルミニウム 27	₁₄Si ケイ素 28	₁₅P リン 31	₁₆S 硫黄 32	₁₇Cl 塩素 35	₁₈Ar アルゴン 40
₂₈Ni ニッケル 59	₂₉Cu 銅 64	₃₀Zn 亜鉛 65	₃₁Ga ガリウム 70	₃₂Ge ゲルマニウム 73	₃₃As ヒ素 75	₃₄Se セレン 79	₃₅Br 臭素 80	₃₆Kr クリプトン 84
₄₆Pd パラジウム 106	₄₇Ag 銀 108	₄₈Cd カドミウム 112	₄₉In インジウム 115	₅₀Sn スズ 119	₅₁Sb アンチモン 122	₅₂Te テルル 128	₅₃I ヨウ素 127	₅₄Xe キセノン 131
₇₈Pt 白金 195	₇₉Au 金 197	₈₀Hg 水銀 201	₈₁Tl タリウム 204	₈₂Pb 鉛 207	₈₃Bi ビスマス 209	₈₄Po ポロニウム (209)	₈₅At アスタチン (210)	₈₆Rn ラドン (222)
₁₁₀Ds ダームスタチウム (281)	₁₁₁Rg レントゲニウム (280)	₁₁₂Cn コペルニシウム (285)	₁₁₃Nh ニホニウム (286)	₁₁₄Fl フレロビウム (289)	₁₁₅Mc モスコビウム (289)	₁₁₆Lv リバモリウム (293)	₁₁₇Ts テネシン (294)	₁₁₈Og オガネソン (294)

₆₃Eu ユウロビウム 152	₆₄Gd ガドリニウム 157	₆₅Tb テルビウム 159	₆₆Dy ジスプロシウム 163	₆₇Ho ホルミウム 165	₆₈Er エルビウム 167	₆₉Tm ツリウム 169	₇₀Yb イッテルビウム 173	₇₁Lu ルテチウム 175
₉₅Am アメリシウム (243)	₉₆Cm キュリウム (247)	₉₇Bk バークリウム (247)	₉₈Cf カリホルニウム (251)	₉₉Es アインスタイニウム (252)	₁₀₀Fm フェルミウム (257)	₁₀₁Md メンデレビウム (258)	₁₀₂No ノーベリウム (259)	₁₀₃Lr ローレンシウム (262)